# L'HYGIÈNE SEXUELLE

ET

## SES CONSÉQUENCES MORALES

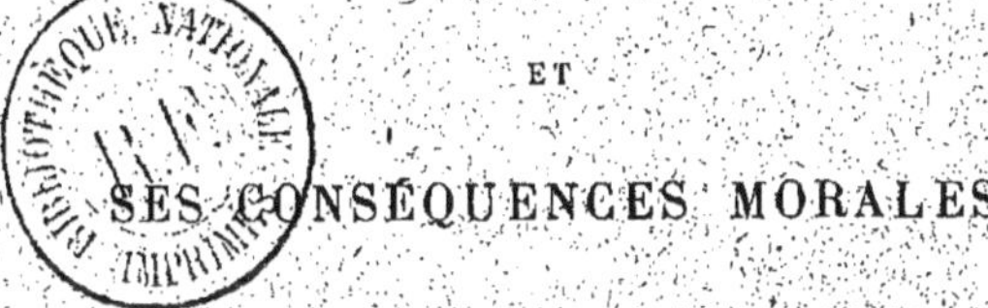

# L'HYGIÈNE SEXUELLE

## ET

## SES CONSÉQUENCES MORALES

PAR

### Le D<sup>r</sup> SEVED RIBBING

PROFESSEUR A L'UNIVERSITÉ DE LUND (SUÈDE)

*Traduit du Suédois avec autorisation de l'Auteur*

PARIS

ANCIENNE LIBRAIRIE GERMER BAILLIÈRE ET C<sup>ie</sup>

FÉLIX ALCAN, ÉDITEUR

108, BOULEVARD SAINT-GERMAIN, 108

1895

# PRÉFACE

## DE LA TROISIÈME ÉDITION SUÉDOISE

Personne mieux que l'auteur ne connaît les points faibles d'un ouvrage. C'est précisément pour cela que j'ai été si profondément touché de l'accueil bienveillant dont mon livre a été l'objet. Que tous ceux qui m'ont encouragé soit verbalement, soit par lettre, soit par la presse, reçoivent ici l'expression de ma vive gratitude. Je ne sais que trop bien que plusieurs chapitres n'étaient restés qu'à l'état d'ébauche ; je me suis efforcé, dans cette édition, de combler ces lacunes autant que possible. Par contre, je ne puis promettre aux éminents critiques dont les idées sociales et juridiques s'écartent des miennes, d'avoir accepté les leurs. Si cet exposé, plus complet que les précédents, pouvait les convaincre qu'avant d'émettre les conclusions qu'il contient, je ne me suis pas contenté de mon approbation personnelle, alors même que ces idées satisfaisaient pleinement mon esprit, mais que j'ai longuement vérifié leur exactitude, je serais déjà amplement payé de mon labeur.

Lund, 25 septembre 1889.

L'Auteur.

# AVANT-PROPOS

Le ministère sacré du médecin,
en l'obligeant à tout voir, lui
permet aussi de tout dire.

TARDIEU.

C'est au printemps de l'année 1886 que je
fis les conférences qui sont publiées dans ce
livre. Si je les soumets aujourd'hui au public,
c'est surtout parce que la question des rapports sexuels me paraît toujours à l'ordre du
jour, et dans toutes les classes de la société.
J'ai conservé dans cet ouvrage le plan que
j'avais suivi en 1886 et je le publie sous
forme de leçons. Tout ce que j'ai dit à cette
époque y est reproduit ; je me suis contenté
d'y ajouter quelques remarques et quelques
exemples recueillis dans les livres qui ont
paru depuis. Certains lecteurs me reproche-

ront peut-être d'avoir abusé des citations : celles-ci m'ont semblé nécessaires; elles sont, si je puis m'exprimer ainsi, mes *pièces justificatives*. Elles prouvent que les opinions que j'ai émises n'ont pas été écrites au hasard sans bases solides, et que les idées contenues dans ce livre ne reposent pas seulement sur mes vues personnelles, mais qu'elles sont en parfait accord avec les données actuelles de la science.

Lund, 5 octobre 1888.

L'Auteur

# L'HYGIÈNE SEXUELLE

## ET

## SES CONSÉQUENCES MORALES

---

## PREMIÈRE LEÇON

### ORGANES GÉNITAUX. — ANATOMIE ET PHYSIOLOGIE DES FONCTIONS GÉNITALES

SOMMAIRE. — La littérature relative aux rapports sexuels. — Son but et sa classification. — Utilité des connaissances sexuelles. — Division des leçons. — L'hygiène sexuelle, science naturelle. — Conception pessimiste de la vie sexuelle. — Anatomie et physiologie des organes génitaux de l'homme. — Les organes génitaux de la femme et leur destination. — Maturité sexuelle. — Précocité sexuelle. — Rut et menstruation. — Mariages trop précoces. — Accouplement et mœurs des animaux. — Vie sexuelle et jouissances génitales de l'homme. — Age auquel on se marie. — Statistiques. — Epoque du mariage dans les différentes classes de la société. — Comment s'est développée l'institution du mariage. — Rapports numériques des deux sexes. — Circonstances qui modifient ces rapports.

### La littérature relative aux rapports sexuels.
### But et classification.

Vous ne seriez pas étonnés, messieurs, si je vous disais que j'ai longuement hésité avant de monter aujourd'hui dans cette chaire. Le sujet que nous nous proposons de traiter a été si rarement, en public, l'objet de discussions sérieuses, que quiconque a l'idée d'une entreprise de ce genre ne peut se défendre d'une réelle appréhension.

Cependant, certaines publications appartenant à la littérature moderne me paraissent devoir nous engager à sortir de cette réserve. N'avons-nous pas vu paraître récemment un livre [1] qui a la prétention de refléter fidèlement les mœurs universitaires? S'il fallait ajouter foi à cet ouvrage, les aînés, mûris par l'expérience, auprès de qui les novices viendraient demander conseil au début de leur vie sexuelle, les aînés ne pourraient leur répondre pour toute consolation et pour tout avertissement que ces simples mots : « Toi aussi, pauvre enfant. » Fort heureusement, beaucoup de jeunes hommes reçoivent de meilleurs conseils, bien qu'il faille reconnaître que les livres qui traitent de cette question et qui s'offrent tout d'abord le plus directement à leurs regards, les induisent le plus souvent en erreur. Je classerais volontiers ce genre d'écrits dans les ouvrages *littéraires-réformateurs* ou *médico-lucratifs.*

Par ouvrages littéraires-réformateurs, j'entends principalement les publications faites sous forme de nouvelles ou de drames, et dans lesquelles les auteurs attaquent un sujet spécial tiré du domaine

(1) *Erik Grane,* G. de Geijerstam. Stockholm, 1885, 113.

physique ou psychique de la vie sexuelle. Le plus souvent, ils s'élèvent contre l'état actuel des choses et réclament avec véhémence des modifications dans les lois et les mœurs de la société moderne. Une telle littérature ne me paraît pas blâmable en soi. Pourtant l'expérience montre que son influence est assez souvent nuisible ; et cela tient surtout à ce que l'auteur se heurte à cet écueil si fréquent qui consiste à n'envisager la question que d'un seul côté, à généraliser des observations isolées, et, en se fondant sur quelques faits épars, à vouloir renverser les lois de la société qui concordent avec la majorité des phénomènes normaux.

J'ai donné l'épithète de « médico-lucrative » à l'autre genre de littérature qui traite des rapports sexuels. Les titres de quelques-uns des ouvrages, tels que : *la sauvegarde personnelle, amour et hymen, conseils pour les jeunes mariés*, etc..., qui rentrent dans cette catégorie, vous feront comprendre mieux que toute chose à quels livres je fais allusion. Ces publications ne se sont multipliées qu'en spéculant sur la lubricité et les faux pas de la jeunesse. Sous la promesse d'initier le lecteur aux mystères des jouissances de l'amour, ces livres ne contiennent que quelques esquisses insignifiantes, souvent erronées, accompagnées de couseils pour se préserver des maladies vénériennes et contre la débauche ; puis l'auteur finit généralement par recommander un médicament d'un prix exorbitant dont un médecin étranger quelconque garde le secret et qui possède une vertu toute-puissante.

Quand par hasard paraît un livre d'une autre valeur, comme les deux volumes de Bjørnstierne Bjørnson : *En handske* et *Der flager y byen dy paa havnen*, il est immédiatement en butte aux attaques de toute une séquelle d'auteurs vivant des produits de la littérature dont nous parlions plus haut, et qui l'accablent de leurs sarcasmes et des critiques les plus acerbes.

L'idée que Bjørnson, en s'appuyant sur l'autorité d'Herbert Spencer, développe dans le dernier ouvrage que nous venons de citer, est assurément exacte, bien que certaines rectifications soient encore à désirer, surtout en ce qui concerne l'âge auquel les connaissances sexuelles doivent être données aux jeunes gens, ainsi que les moyens de les mettre à leur portée.

### Utilité des connaissances sexuelles. Division des leçons.

Le sujet qui fera l'objet de ces leçons est loin d'être nouveau. Agité depuis des siècles, il fait partie aujourd'hui du ministère privé du clergé protestant. Les pasteurs tirent de leur expérience personnelle de la vie de famille et de ses attributs, les conseils que leurs adeptes leur demandent. Quelles que soient les bonnes intentions de ceux qui prodiguent ces conseils, ceux-ci ne sont que bien rarement suivis par la jeunesse studieuse. D'ailleurs, sur ce terrain, il n'est guère possible à l'Église de suivre le développement intellectuel des jeunes gens, les modifications qui se font dans leurs idées, et enfin les emportements en quelque sorte inhérents à la vie d'étudiant; ici, la compétence du physiologiste devient indispensable.

Il n'est pas dans toute la carrière médicale de sentiment plus agréable, plus réjouissant, que de penser que notre science régit la vie génitale des individus : le « fondement de la famille ». Certes, la pratique de la médecine est semée d'écueils et de déceptions, mais la connaissance des lois de la vie ne nous donne que certitude et espérance.

Je voudrais dans ces leçons, messieurs, vous initier à quelques-uns des secrets du médecin. J'estime que ce sujet sera traité devant des hommes cultivés, et que les questions que nous soulèverons serons méditées avec sérieux, sans qu'aucune allusion déplacée ne vienne à votre esprit.

Il serait bien facile de discourir tout un semestre sur ce thème, mais je n'abuserai pas à ce point de votre temps; je réduirai mes conférences à trois. La première traitera des organes génitaux, de leur anatomie et de la physiologie des fonctions génitales. Le mariage fera le sujet de la seconde. Enfin, dans la troisième, nous nous occuperons des maladies qui peuvent être la conséquence de l'accomplissement des fonctions génitales.

J'autorise chacun de mes auditeurs [1] à me faire verbalement ou par correspondance toutes les observations personnelles ou anonymes qu'il jugera convenable de m'adresser. Je m'efforcerai, dans la prochaine leçon, de répondre aussi exactement qu'il me sera possible de le faire. Seulement, je désire que l'on s'abstienne de toute discussion relative à ces leçons ou à un chapitre de l'une d'elles dans les journaux. Il pourrait facilement arriver que des observations de ce genre exigeassent une analyse plus détaillée, une réponse plus précise, plus crue si je puis m'exprimer ainsi,

(1) L'autorisation d'interpeller le conférencier soit verbalement, soit par lettre n'a été accordée qu'aux auditeurs et non aux lecteurs de ce livre. Je tiens tout particulièrement à rappeler que je ne me charge d'aucun traitement de maladie vénérienne par correspondance. Les cas de ce genre nécessitent plus qu'un examen personnel du malade et l'influence du médecin sur le patient. Je suis d'ailleurs convaincu que, dans notre pays, la plupart des malades trouveront près d'eux d'excellents médecins.

et je n'ai nul désir de publier de tels détails dans les journaux[1].

Il est une chose dont je crois devoir vous prévenir. J'aborderai mon sujet sans la moindre réticence, et j'entrerai dans tous les détails que comporte notre thème. Il se peut que cette manière de faire éveille chez l'un ou l'autre d'entre vous une véritable répulsion, et je crois que ceux qui ne se sentent pas sûrs d'eux sur ce terrain feront mieux de se retirer dès maintenant.

Enfin, une dernière confidence. Je m'efforcerai dans ces conférences d'être empirique autant que possible, et jamais doctrinaire. En effet, la conception de la vie, telle qu'elle résulte pour chacun de nous des connaissances puisées à des sources diverses et qui ont été plus tard l'objet de nos méditations personnelles, cette conception, dis-je, pourrait s'affirmer de temps à autre sans recueillir les suffrages de tout le monde; au contraire, l'expérience, c'est-à-dire les lois et les enseignements directs de la nature, ne saurait être recusée par personne.

**L'hygiène sexuelle, science naturelle.**

L'hygiène sexuelle est une véritable science

(1) Cette phrase n'a évidemment plus sa raison d'être depuis la publication de cet ouvrage.

naturelle, et les conséquences morales qui en découlent sont irrécusables pour tout homme qui ne s'écarte pas de la logique. Une étude de ce genre paraîtra peut-être illusoire et inutile à quelques-uns d'entre vous, puisque la morale religieuse et philosophique nous trace une excellente ligne de conduite dans les mœurs qu'elle nous prêche, touchant les rapports sexuels. Je pense, pour ma part, que cette étude est loin d'être inutile, c'est-à-dire qu'une *morale sexuelle naturelle*, expérimentale, est celle qu'il nous importe de connaître avant toutes les autres. Une telle science devrait d'abord s'appuyer sur la physiologie et la pathologie ; ce qui est contre nature, ce qui trouble l'équilibre de l'âme ou du corps doit être considéré comme condamnable, et rejeté aussi loin que possible.

Comme la question des rapports sexuels ne saurait être tranchée en se plaçant à un point de vue individuel, les résultats auxquels ont abouti les études des sociologistes doivent être pris également en considération, et nous devons en déduire ce premier principe : que personne n'a le droit de se procurer des jouissances capables de provoquer chez ses semblables des peines ou des malheurs, et sur notre terrain comme sur les autres notre premier devoir est de tendre à ce que le

plus grand nombre d'individus possible recueille
la plus grande part de bonheur possible.

## Conception pessimiste de la vie sexuelle.

Il est arrivé plus d'une fois à des esprits sérieux
et bien pensants, qui s'étaient appliqués à sonder
jusque dans leurs derniers replis les égarements
de la vie sexuelle, d'aller jusqu'à considérer cette
fonction tout entière comme une calamité corruptrice et avilissante de l'humanité. Ils ont déclaré un
peu trop légèrement peut-être, que la reproduction
des êtres humains n'eût pas dû dépendre d'un
accouplement, d'un croisement des deux sexes.

On s'est encore élevé contre les lois de la nature
en se plaçant cette fois à un point de vue tout
différent. Dans ses *Utopies dans la réalité*, Auguste
Strindberg a soutenu qu'une génération asexuée
représente un stade aussi élevé sinon supérieur
à celui d'une génération sexuée. Mais si l'on se
donne la peine de réfléchir quelque peu, on com-
prendra facilement l'importance de la génération
sexuée. Admettons pour un instant la théorie
évolutionniste ; nous voyons immédiatement que
les efforts constants des individus vers la possession du sexe opposé au leur, ont développé des
facultés et porté des fruits qui fussent restés sté-
riles et sans profit. Un simple regard jeté sur la

nature nous montre combien l'importance et les conséquences des rapports sexuels sont grandes. Ce n'est que par eux et pour eux que fleurissent les lys des champs et que s'épanouissent les roses dans leurs bosquets; ce n'est que pour eux que chantent les merles et les rossignols, que les fleurs se parent de si riches couleurs et que les animaux revêtent des formes si élégantes. C'est enfin pour eux que l'homme et la femme tendent sans cesse à parfaire leur développement physique et intellectuel, se donnant pour prix l'un et l'autre la force et la beauté. S'il n'existait plus de vie génitale la vie tout entière ne deviendrait qu'un désert aride, sans but et sans consolation. Les arts et les sciences, la politique et la jurisprudence, voire même une grande partie de la religion, n'auraient plus de raison d'être[1].

### Anatomie et physiologie des organes génitaux de l'homme.

Il est impossible d'aborder l'étude des rapports sexuels sans connaître l'anatomie et la physiologie des organes génitaux; aussi vais-je en donner maintenant une courte description. Pour quiconque ne se contente pas de contempler les choses à leur

[1] Comparez Kraft-Ebing, *Psychopathia sexualis*. Stuttgard, 1888, t. II.

surface, cette étude nous révélera beaucoup de traits parmi les plus extraordinaires de la nature.

Je passe naturellement sur les différentes idées émises au sujet de l'origine des sexes, de la conception de l'idée de sexe, et sur les différences sexuelles que l'on rencontre en remontant des êtres inférieurs vers ceux qui appartiennent à un rang plus élevé; j'arrive d'emblée à l'étude des organes génitaux de l'homme.

Remarquons tout d'abord que situés en dehors du corps, ils se présentent sous forme d'appendice visible, à la région inférieure du tronc. Au point de vue fonctionnel, on les divise en trois parties selon qu'ils sont destinés à l'élaboration du liquide fécondant, à son transport par l'intermédiaire d'organes canaliculés, ou enfin à la copulation.

La substance destinée à créer de nouveaux individus est élaborée dans les testicules. Ce sont deux glandes semblables par leur grandeur, leur forme et la situation qu'ils occupent. Elles sont constituées par de fins canaux. Leur étrange fonction s'affirme à l'âge de la puberté et se tarit généralement dans la vieillesse. Un testicule, normalement développé, mesure environ 5 centimètres d long, 2 1/2 de large et 3 d'épaisseur, il pèse à peu près 16 grammes. Au point de vue de sa configuration extérieure, on peut y distinguer deux portions :

la première, le testicule proprement dit, a la forme d'un œuf un peu aplati, et représente à peu près les 3/4 de l'organe tout entier; la seconde, l'épididyme, s'étend sous forme d'organe allongé, presque cylindrique, le long du grand axe du testicule.

De chaque testicule s'élève, entouré d'enveloppes membraneuses, le cordon spermatique; il se dirige vers le canal inguinal à travers lequel il pénètre dans la cavité abdominale. Le cordon est constitué par le canal déférent, des artères, des veines, des lymphatiques, des nerfs, et enfin par du tissu conjonctif qui réunit tous ces organes entre eux. Il me faudrait trop de temps pour vous décrire toutes les enveloppes musculaires qui recouvrent ces organes; je passe donc sur ces détails et vais me contenter de décrire les organes auxquels sont dévolues les fonctions les plus importantes.

Le testicule est constitué essentiellement par une multitude de canalicules extrêmement fins (1/6 de millimètre), repliés un grand nombre de fois sur eux-mêmes, et que l'on désigne sous le nom de tubes séminifères. Ces canaux ajoutés les uns aux autres dans un testicule normal ne mesurent pas moins de 400 mètres. C'est dans leur intérieur que se forment les spermatozoïdes, produits des modifications des cellules qui tapissent la paroi des canalicules. Les spermatozoïdes se présentent sous la forme de tout petits organismes n'ayant pas plus de 0^mm,004 de longueur, et larges de moitié. Ils sont pourvus d'une queue filiforme dont les dimensions égalent sept à dix fois celles du corps. On se fera peut-être une idée plus exacte de la petitesse des spermatozoïdes en songeant qu'un millimètre cube de sperme en contient environ dix millions.

Au microscope, ils paraissent formés d'une substance homogène, nacrée, qui, au point de vue chimique, se compose probablement d'albumine, de graisse et de phosphate de chaux. Les spermatozoïdes fraîchement éjaculés ont la propriété remarquable de se mouvoir par des contorsions et des oscillations rapides provoquées elles-mêmes par des ondulations de leur queue. Grâce à ces mouvements, les spermatozoïdes progressent généralement en ligne droite et dans la direction vers laquelle se tourne leur extrémité effilée. Leur vitesse de progression a été évaluée à 4 millimètres par minute.

Parvenus dans les organes génitaux femelles, ces animalcules peuvent conserver pendant huit à dix jours la faculté de se mouvoir; dans certaines circonstances ils s'arrêtent quelques heures après leur introduction.

Il est hors de doute que les spermatozoïdes sont

les seuls éléments fécondants du sperme; ce dernier est d'ailleurs rendu plus fluide et plus apte à être projeté dans les organes génitaux femelles par des produits de sécrétion que lui fournissent différentes glandes. Quand, en examinant le sperme d'un individu, on constate l'absence de spermatozoïdes, on peut affirmer que cet homme est impuissant, c'est-à-dire inapte à engendrer des enfants; cette impuissance n'entraîne nullement par elle-même l'impossibilité du coït.

La préparation du sperme étant terminée, celui-ci a besoin d'un appareil de transport pour l'amener à sa destination dernière. Cet appareil se compose d'un canal à coudures nombreuses, mesurant environ 33 centimètres de long. Il s'échappe de chaque testicule pour remonter vers le bassin en passant par le canal inguinal, et aboutir à la portion la plus élevée de l'urèthre.

Les parois de ce canal sont constituées par d'épaisses et puissantes couches musculaires qui ont la propriété d'accomplir de très fortes contractions péristaltiques. Tout près de l'embouchure du canal déférent dans l'urèthre, se trouve un diverticule, la vésicule séminale, qui sert de réservoir au sperme élaboré et peut-être de glande élaboratrice du liquide mélangé au sperme au moment de l'éjaculation.

A l'organe de copulation mâle (pénis) sont dévolues plusieurs fonctions. A l'état normal, il sert à l'émission de l'urine, mais comme organe génital, il est destiné à pénétrer dans le vagin et à émettre le sperme ; cette double fonction nous explique pourquoi ses variations morphologiques et physiologiques sont si grandes. A l'état de repos, il est mou, flasque, régulièrement revenu sur lui-même ; pendant le coït, et sous l'influence d'excitations génésiques, il se redresse, dur et rigide.

Les moyens que la nature emploie pour amener ces différents changements sont vraiment merveilleux. En dehors du canal excréteur de l'urine et du sperme, il entre encore dans la constitution du pénis trois corps allongés, de nature spongieuse. Ces derniers contiennent des mailles qui circonscrivent une foule de cavités pouvant se remplir elles-mêmes de sang ; et par cet afflux sanguin, l'organe vecteur de l'urine se transforme immédiatement en un puissant appareil de copulation.

Voici par quelle suite de phénomènes se produit cette transformation. Vous savez tous que certaines émotions morales sont susceptibles de modifier la répartition du sang dans le corps. La rougeur qui monte au visage chez certaines personnes qui éprouvent des sentiments de honte ou de malaise en est un exemple. Eh bien, c'est par un mécanisme analogue que se produit le phénomène que nous étudions.

Chez l'homme, la vue, l'attouchement d'une femme, ou même simplement l'idée de coucher avec elle, éveillent souvent le désir d'un rapprochement sexuel. Partie du cerveau et de la moelle épinière, cette impulsion se transmet aux nerfs des organes génitaux. Elle chasse le sang vers la verge en même temps qu'elle s'oppose à la circulation du sang en retour de cet organe. Les mailles et les cavités que nous avons décrites plus haut se remplissent de sang; les mailles pleines prennent naturellement plus de place que les mailles vides, si bien que ces dernières, renfermées dans la même gaine, ne peuvent se remplir qu'en provoquant l'érection de la verge et en l'augmentant dans tous les sens.

Quand enfin le pénis a acquis une rigidité suffisante pour vaincre la résistance plus ou moins grande que lui oppose le vagin, et que son volume est assez considérable pour le remplir, ses frottements contre la paroi vaginale amènent un nouvel acte réflexe. Le canal déférent et les vésicules séminales se contractent suffisamment pour déverser leur contenu dans l'urèthre; mais il s'ensuit de nouvelles contractions réflexes des muscles qui revêtent les corps spongieux, et le sperme est éjaculé par une série de chocs ou de spasmes rythmiques de l'urèthre rempli de sperme. Pendant toute cette série de contractions, la pénétration de l'urine dans l'urèthre ou du sperme dans la vessie est empêchée par un petit organe en forme de soupape qui intercepte toute communication entre les organes précités.

L'appareil génital a maintenant accompli sa fonction, l'excitation se calme, le sang reflue par ses voies régulières, le pénis revient sur lui-même et reprend son aspect ordinaire.

L'appareil génital de la femme se distingue d'abord de celui de l'homme par ce fait, que la plus grande partie des organes qui le constituent, et aussi les plus importants, sont situés dans la cavité abdominale ; c'est la raison pour laquelle ils exercent une si grande influence sur le physique et le moral de la femme. Il en résulte encore que l'accomplissement des fonctions génitales de la femme n'est pas aussi fugitif que chez l'homme. Tandis que chez ce dernier, il se restreint à l'acte du coït, chez la femme la création d'un nouvel être oblige ces organes à exercer plus longtemps leur activité.

**Anatomie et physiologie des organes génitaux de la femme. — Leur destination.**

Les organes génitaux de la femme sont constitués tout d'abord par deux glandes ovoïdes : les ovaires, situés dans le bassin, au voisinage de l'utérus. Ils sont destinés à mûrir et à expulser l'élément générateur femelle qui, fécondé, c'est-à-dire uni à l'élément mâle, va devenir le siège du processus indispensable à la création d'un être nouveau. La longueur de l'ovaire est de 4 centimètres, sa largeur est de 2 à 3 centimètres, son épaisseur de 1,3 centimètre. Son poids oscille autour de 6 grammes. L'ovaire lui-même est composé d'une charpente qui soutient cet organe en même temps qu'elle sert à réunir ses parties constituantes, puis de plusieurs milliers de petites vésicules dites follicules de de Graaf. Quand on examine ce dernier à un grossissement suffisant, on parvient à découvrir, dans le fond, l'œuf humain ; c'est un petit corps, clair, blanc, sphérique, d'un septième de millimètre de diamètre. Malgré sa petitesse, l'œuf renferme cependant plusieurs éléments. Il est constitué par une membrane mince et blanche; d'une masse liquide finement granuleuse qui répond au jaune d'œuf; et enfin au centre de cette masse se trouve la *vésicule* germinative. Ce dernier élément lui-même n'est pas homogène ; on trouve dans son intérieur ce que l'on est convenu d'appeler la *tache* germinative, sorte de noyau cellulaire de $0^{mm},037$ de diamètre. Pendant la menstruation, un follicule de de Graaf éclate; l'œuf qui en sort est saisi par l'extrémité infundibuliforme de la trompe, et conduit vers l'utérus, où il pourra enfin atteindre son complet développement.

L'utérus est l'organe central essentiel de l'appareil génital de la femme. C'est lui qui enveloppe le fœtus pendant toute son évolution en même temps qu'il assure sa nutrition et son développement et l'expulse enfin quand il est arrivé à maturité. L'utérus qui, chez la vierge, a les dimensions et la forme d'une poire un peu aplatie, peut se distendre suffisamment pendant la grossesse pour contenir un ou plusieurs fœtus avec leurs membranes, leurs eaux et leur placenta. Les autres organes de l'abdomen sont alors refoulés par l'utérus gravide; ses parois se distendent pour imprimer au ventre la forme qu'on lui connaît.

Entre l'utérus et les parties génitales externes s'étend le vagin, organe en forme de fourreau, destiné à recevoir le pénis pendant le coït et à servir, au moment de la naissance, de porte de sortie à l'enfant.

L'orifice externe du vagin est en partie oblitéré chez la vierge par un repli muqueux en forme de soupape, dont les contours ont une direction variable. Ce petit repli, l'hymen, se rompt généralement lors du premier coït complet, et il en résulte une légère hémorrhagie. Sa présence et son intégrité ont été considérées par tout le monde comme preuves d'une parfaite virginité. Cette idée n'est pas absolument exacte, car, d'une part, l'hymen peut manquer chez des vierges, et d'autre part, on l'a vu persister malgré des coïts réitérés, grâce à une solidité et une élasticité plus grandes que de coutume.

Quand j'aurai ajouté aux organes précédents le clitoris, l'analogue du pénis, qui est le siège des sensations voluptueuses de la femme pendant l'accouplement, et enfin les grandes et les petites lèvres vulvaires, je crois que j'aurai dit sur l'anatomie des organes génitaux tout ce qui est nécessaire pour comprendre la physiologie de la vie sexuelle.

Pourtant, je dois encore ajouter que dans les premiers temps de la vie intra-utérine, l'embryon n'a pas de sexe ; ce n'est que vers la sixième ou la septième semaine que s'ébauche la différenciation sexuelle qu'accentuera l'évolution ultérieure des organes correspondants. Ces considérations nous expliquent pourquoi les organes génitaux de l'homme et de la femme ont tant d'analogie entre eux, malgré les différences si grandes qu'ils présentent à première vue.

Pour qu'il y ait fécondation, il est indispensable [1]

(1) Comparez Hermann, *Manuel de physiologie*, VI, 2, p. 114.

qu'il se fasse un accouplement des éléments fécondants. Or ce phénomène a lieu par la pénétration d'un ou de plusieurs spermatozoïdes à travers la membrane de l'œuf dans la cavité de ce dernier. La tête, ou partie essentielle du spermatozoïde, s'unit alors au noyau germinatif; ces deux éléments se confondent et le noyau qui résulte de leur fusion se segmente en une multitude de noyaux secondaires, de cellules qui se placent dans un certain ordre pour se transformer plus tard en tissus, etc... et le développement de l'embryon entre alors en activité.

## Maturité sexuelle. — Précocité sexuelle.

Chez les animaux supérieurs, et chez l'homme en particulier, il faut un certain temps avant qu'un individu ait atteint la force et le degré de développement nécessaires à la reproduction d'un être de son espèce. Cette maturité ne s'affirme pas d'un seul coup, mais elle est le résultat d'un processus de plusieurs années que l'on désigne sous le nom de période de puberté. La puberté arrive à un âge variable avec les espèces animales et les différentes races humaines. Elle est plus précoce chez les citadins que chez les campagnards, chez les gens cultivés que chez les artisans. Elle se manifeste chez l'adolescent par trois signes : une modification du timbre vocal (mue), l'apparition de la barbe et la pousse de poils au niveau des organes génitaux externes et d'autres parties du corps, en même temps que s'annonce la sécrétion du sperme. C'est de la dix-septième à la vingt et unième année que l'organisme atteint généralement ce degré de développement.

Certains auteurs ont coutume de placer cette période de la vie humaine à un âge très précoce. Ainsi, Strindberg parle d'un adolescent de treize à quatorze ans qui éprouvait déjà des sensations génésiques et qui, dès l'âge de seize ans, tomba malade de la lutte qu'il livra contre elles [1].

Le héros de G. de Geijerstam, dans *Erik Grane*, fait preuve également d'une grande précocité sexuelle. Dès l'âge de douze ans, il était déjà dominé par deux genres de fantaisies amoureuses. L'une d'elles portait sur une jeune fille appartenant à la société qu'il fréquentait; mais ses pensées érotiques, éveillées par les conversations qu'il avait entendu tenir par des palfreniers, se fixaient sur l'image « d'une grande et belle cuisinière à la peau fraîche et aux grosses lèvres rouges ».

Ces deux auteurs s'efforcent de persuader le monde de l'authenticité des faits qu'ils avancent.

(1) Giftas. Stockholm, 1884, p. 52, 73 et 74.

Mais un médecin ne peut s'empêcher de penser, en lisant leurs ouvrages, que les opinions qu'ils se feront plus tard de l'humanité ne pourront entrer que par violence dans un roman réaliste, ou encore que l'exemple qu'ils ont observé par hasard n'est qu'une exception. Il était de leur devoir d'étudier la nature et de contrôler la fréquence d'une telle anomalie; il fallait la comparer avec les faits normaux et ne proposer des réformes sociales qu'après cette enquête. Une anomalie doit être considérée et traitée comme une maladie, mais elle ne saurait servir de loi pour la majorité des individus. Or il est anormal qu'un jeune garçon de treize à quatorze ans soit hanté par des idées érotiques. A cet âge, les premiers signes de la puberté se sont à peine ébauchés, et, dans de telles conditions, un adolescent normalement constitué ne saurait éprouver les sentiments prêtés à notre héros.

Tous les médecins d'expérience ont observé des cas de précocité sexuelle, aussi bien chez les garçons que chez les filles, et il faudrait, il me semble, conseiller aux parents et aux précepteurs qui se trouvent en présence d'anomalies de ce genre, de consulter un médecin, au lieu, comme cela arrive — hélas! — trop souvent, de les tourner en ridicule et d'en faire le sujet de mille taquineries.

La puberté de la femme se reconnaît également

à une modification de la voix, bien que ce changement soit moins marqué que chez l'homme; au
développement du corps, dont les allures enfan-
tines se transforment pour revêtir le type de la
femme faite, enfin à la menstruation.

### Rut et menstruation.

Permettez-moi d'insister un peu plus longuement sur ce dernier phénomène; il présente
quelque chose de particulier, de caractéristique
dans l'espèce humaine. Aucune espèce animale ne
possède rien d'analogue. La menstruation s'est
manifestée depuis les temps les plus reculés dont
les hommes aient pu reconstituer l'histoire[1]. On
a voulu la comparer au rut des animaux, mais ces
deux phénomènes ne sont nullement équivalents.
Sous le nom de rut, on entend une excitation génésique qui survient à une époque de l'année variable
avec chaque espèce animale, mais déterminée
pour tous les animaux d'une même espèce. Cette
époque est fixée de façon que les petits viennent
au monde au moment où leur nourriture ainsi
que celle de leurs parents est la plus abondante.
L'espèce humaine ne présente pas de phénomènes
semblables. Pendant la période de rut, il se pro-

(1) Comparez *Real-Encyclopädie der gesammten Heilkunde*.
Vienne et Leipzig, 1887, t. IX, p. 3.

duit chez les animaux une excitation génitale qui
s'accompagne d'une congestion vers les organes
génitaux externes en même temps qu'a lieu l'ovulation (maturité et expulsion de l'œuf). C'est pour
cette raison que cette période est marquée par une
prédisposition spéciale à la fécondation et à la conception. Or il n'est nullement nécessaire que ce que
l'on entend par menstruation (congestion interne
suivie d'hémorrhagie) coïncide avec le rut ; une
identification du rut et de la menstruation est donc
scientifiquement insoutenable, que l'on ait en vue
les phénomènes physiques ou les modifications
psychiques qui en découlent[1].

La menstruation ou épuration de la femme,
consiste en une ovulation périodique accompagnée
d'une hémorrhagie utérine. Grâce à cette fréquente
ovulation, la femme peut concevoir à toute époque
de l'année. L'hémorrhagie utérine est due à un
gonflement et à un ramollissement de la muqueuse
qui permet à l'œuf fécondé de séjourner plus
longtemps dans le corps de la mère et de s'y fixer
plus facilement. L'hémorrhagie peut être considérée comme une conséquence de l'entaille que fait
la nature pour greffer l'enfant sur le tronc maternel.

Si l'œuf n'est pas fécondé, il se désagrège et

_____________

(1) Hermann. *Loc. cit.*, p. 67-68.

disparaît sans laisser de traces. Pendant la grossesse et dans la plupart des cas pendant l'allaitement, les règles se tarissent. Je m'étendrai plus
tard sur l'âge dit critique des femmes. Contrairement à ce qui se passe chez la femelle, la femme
éprouve bien plutôt une répulsion vis-à-vis du coït
pendant ses règles, et ce sentiment de dégoût
passager se retrouve chez tous les peuples, si peu
cultivés qu'ils soient [1].

## Mariages trop précoces.

J'ai dit plus haut que l'âge auquel se manifestait
la maturité génitale variait avec les races et les
individus. Voici quelques chiffres relatifs à cette
époque dans différents pays. Un grand nombre de
statistiques ont donné les moyennes suivantes :

```
Dans la Laponie suédoise.    18 ans
A Christiania . . . . . . .   16 —   9 mois   25 jours
A Stockholm. . . . . . . .   15 —   6 —      22 —
A Copenhague. . . . . . .    16 —   9 —      12 —
A Göttingue . . . . . . .    16 —   2 —       2 —
A Berlin. . . . . . . . . .   15 —   7         6 —
A Münich . . . . . . . . .   16 —   5 —      12 —
A Vienne . . . . . . . . .   15 —   8 —      15 —
A Varsovie. . . . . . . . .   15 —   1 —      23 —
A Manchester . . . . . . .   15 —   6 —
A Londres ( entre. . . . .   15 —   1 —       4 —
          ( et. . . . . . .   14 —   9 —       9 —
```

(1) Ploss. *La Femme dans les sciences naturelles, et l'étude des
peuples.*

| | | | | |
|---|---|---|---|---|
| A Paris { entre | . . . . . | 15 ans | 7 mois | 18 jours |
| A Paris { et | . . . . . . | 14 — | 5 — | 17 — |
| A Montpellier | . . . . . . | 14 — | 2 — | 1 — |
| A Marseille | . . . . . . | 13 — | 11 — | 11 — |
| A Corfou | . . . . . . . | 14 — | | |
| A Madère | . . . . . . . | 14 — | 3 — | |
| A Calcutta | . . . . . . . | 12 — | 6 — | |
| En Egypte | . . . . . . . | 10 — | | |
| A Sierra Leone | . . . . . | 10 — | | |

Ces chiffres varient encore avec les habitants
d'un même pays. Ainsi, chez les juives, les règles
apparaissent plus tôt que chez les chrétiennes;
chez les enfants des villes que chez ceux de la campagne; enfin, sous ce rapport, les filles des classes
supérieures sont plus précoces que celles des artisans [1].

Je crains de vous fatiguer par ces détails, messieurs, mais je désire cependant vous rappeler
que cette période qui marque le *début* de l'activité
génitale, n'est nullement comparable à celle de sa
maturité. La jeune fille qui voit ses règles pour la
première fois est loin d'être apte au mariage.
Physiologiquement parlant, il faut qu'elle soit
réglée au moins depuis deux années entières, et
qu'elle ait fini de grandir [2].

Pour quiconque a tiré son instruction de l'expé-

(1) Ploss. *Loc. cit.*, p. 222 et suivantes.
(2) Comparez Klencke. *La femme épouse.*

rience de la vie et de l'étude des sciences naturelles, la description suivante que donne Strindberg
est bien peu vraisemblable : « C'était une fille
âgée de quatorze ans. Ses seins étaient fortement
gonflés comme s'ils n'attendaient qu'une petite
bouche gloutonne et de petites mains qui les sai-
sissent. Sa démarche paraissait assurée, ses mollets
tendus et élastiques ; ses hanches se balançaient
doucement, comme si cette fille avait pu abriter
plusieurs petits sous son cœur [1]. »

Personne n'aura l'idée de considérer ce fait
comme exceptionnel ; nous, médecins, nous sommes
mieux renseignés que d'autres sur ce sujet. Mais
le poète me paraît avoir autre chose à faire que
de décrire des monstruosités, et l'auteur précité
ne se lasse pas de suivre cette voie, si bien que
la généralité de ses lecteurs ne peut s'empêcher de penser que l'auteur a poursuivi une idée
fixe, une morale étroite, comme si sa profession de
foi se résumait en quelque sorte en un « fabula
docet ».

Les mariages dans lesquels les contractants n'ont
pas encore atteint un degré de développement suffisant présentent toujours des inconvénients pour
les parents et les enfants.

_______

(1) Giftas, I, p. 285.

Tandis que, normalement, le mariage développe l'activité vitale des individus, dans les unions contractées trop tôt c'est le contraire que l'on observe. Sur 1 000 hommes mariés au-dessous de vingt ans, on a noté en France une moyenne de 29,3 décès ; sur 1 000 célibataires, la mortalité n'atteignait qu'une moyenne de 6,7. A la même époque la mortalité des femmes était la suivante :

| SUR 1000 FEMMES MARIÉES | | | SUR 1000 CÉLIBATAIRES |
|---|---|---|---|
| 14 | mortes de | 15-20 ans | 8 |
| 9,8 | — | 20-25 — | 8,5 |
| 9,1 | — | 30-40 — | 10,3 |
| 10 | — | 40-50 — | 13,8 |
| 16,3 | — | 50-60 — | 23,5 |
| 35,4 | — | 60-70 — | 49,8 [1] |

D'après une autre statistique française, la mortalité des hommes mariés de quinze à vingt ans égale huit fois celle des célibataires du même âge.

La période de la vie qui s'écoule de la vingtième à la vingt-cinquième année est déjà plus favorable au mariage des hommes et cette disposition se maintient aux âges plus avancés de la vie. La statistique concernant le sexe féminin annonce une mortalité plus grande pour les femmes âgées de moins de vingt-cinq ans ; mais la mortalité est moindre pour celles âgées de vingt-cinq ans et au-

_______

(1) Oesterlen. *Handbuch der medizin. Statistik*. Tubingen, 1874, p. 193 et 194.

dessus. En Suède, les décès sont également plus nombreux chez les jeunes épouses que chez de plus âgées.

### Accouplement et mœurs des animaux.

Ces faits ne sont pas particuliers à la race humaine. Les éleveurs de tous les pays ont constaté depuis longtemps qu'il était nécessaire que les animaux eussent atteint leur complet développement et fussent en pleine vigueur, pour procréer des descendants robustes. Bien que, pour des raisons d'intérêt, on souhaite voir leur fécondité se manifester le plus tôt possible afin d'élever la rente du capital placé dans l'entreprise, l'expérience a prouvé que l'impatience ne procurait que des désavantages. Personne de vous n'ignore qu'il y a peu de temps, notre pays a été obligé, pour améliorer ses races de bétail, d'introduire des couples venus de l'étranger. La Suède serait-elle justement un pays dans lequel les animaux indigènes appropriés à la nature du sol ne pourraient ni se développer ni se perpétuer? Il n'est pas besoin d'admettre une telle hypothèse. Mais il est dans l'esprit de notre peuple de vouloir récolter trop tôt les fruits qu'il a semés, et en favorisant des accouplements trop précoces, il a compromis ses races de bétail. Il s'est vu finalement forcé d'emprunter à grands frais aux peuples plus patients que lui un matériel destiné à améliorer nos races.

Chez les animaux sauvages, la nature a employé différents moyens qui mettent obstacle d'eux-mêmes à leur accouplement trop précoce. D'une part la nécessité constante de rechercher leur nourriture et de se défendre contre leurs ennemis, fait que, chez les animaux sauvages, l'instinct génital se développe beaucoup plus tard que chez nos animaux domestiques. D'autre part, les mâles sont obligés de consacrer une partie de leur énergie aux luttes qu'ils se livrent entre eux pour la possession des femelles, ou bien ils n'arrivent que lentement au degré de développement qui leur donne les attraits ou les facultés nécessaires pour les rendre dignes des grâces de leurs compagnes.

L'instinct génital est puissant, dit-on, et on cite maint exemple qui prouve que la vie des individus est estimée à bien peu de chose comparativement à la conservation de l'espèce; c'est pourquoi un amour naturel invincible force les êtres organisés à remplir ses exigences même au prix du danger de leur propre destruction.

On répète avec Schiller :

> « Et pendant que de la machine universelle
> Le philosophe pensif cherche à faire le tour,
> Le monde est rajeuni dans sa course éternelle
> Par l'instinct de la faim et les lois de l'amour. »

Je n'ai rien à objecter à ces vers : je me permettrai seulement de faire observer que cet instinct génital, si puissant qu'il paraisse, n'est pas invincible même chez nos animaux domestiques.

J'ai en vue en ce moment l'animal que je connais le mieux : le cheval.

Je puis affirmer (ce que chacun de vous pourra d'ailleurs facilement contrôler) que l'on peut priver l'étalon comme la jument, pendant toute leur existence, de rapports sexuels; et je ne parle pas seulement des chevaux de trait plus ou moins fourbus, mais des animaux parfaitement constitués que les gens du monde soignent dans leurs écuries pour en faire des chevaux de luxe. Le moyen d'atteindre ce but est de leur donner une nourriture convenable, ni trop maigre ni trop abondante, un travail modéré et régulier, de façon que leur imagination, si je puis m'exprimer ainsi, ne soit pas trop influencée par l'instinct génital. On remarquera bien de temps en temps un peu d'agitation ou quelques caprices chez les animaux astreints à ce régime, mais ces petits écarts sont facilement réprimés par de la douceur et de la fermeté. C'est tout au plus si le besoin d'une légère correction se fera quelquefois sentir. On arrive toujours au but que l'on s'est proposé, et le résultat cherché est d'autant plus étonnant que l'on se

rappelle la puissance de l'obstacle qui était à sur-
monter.

### Vie sexuelle et jouissances génitales de l'homme.

La nature a été plus généreuse envers la race
humaine; elle n'a pas limité ses instincts génitaux
et la faculté de les satisfaire à une époque déterminée de l'année. L'homme et la femme peuvent
s'unir en tout temps. Si les statistiques annoncent
deux maxima dans le chiffre des naissances dont
les époques de conception correspondantes se trouvent l'un au printemps et l'autre à la Noël, ces
chiffres n'impliquent nullement une exaltation de
l'instinct génital ni de plus fréquents rapports
sexuels à ces deux époques de l'année. Cela
prouve simplement que le repos que prennent les
femmes à l'occasion des fêtes de Noël et l'influence
vivifiante du printemps favorisent leur fécondation.

Cependant la nature n'a pas voulu faire de la vie
sexuelle une source de bonheur à laquelle les êtres
vivants viendraient puiser librement leurs jouissances sans rien donner en retour. Loin de là, chez
l'homme comme chez les animaux, elle a lié la
reproduction de l'espèce et le devoir de soigner et
d'élever leurs descendants. Le développement de
l'humanité et la civilisation ont envisagé de plus

près ces rapports indissolubles de l'accouplement et de la reproduction des êtres organisés.

### Age auquel on se marie. — Statistiques.

Avec les difficultés croissantes de l'existence et la recherche incessante du bien-être, l'âge auquel on se marie généralement s'est trouvé tout naturellement reculé. Les affaires d'Église et de loi, les frais de noce, la dot, les démarches pour obtenir le consentement des parents, toutes ces circonstances accessoires contribuent également à retarder les mariages.

Tant que tous ces détails ne font pas perdre trop de temps, il ne faut pas s'en plaindre. L'homme civilisé ne doit pas entrer dans le mariage comme un sauvage. La société tout entière serait mise en péril. L'homme et la femme ont besoin d'attendre un certain temps pour laisser mûrir leurs qualités intellectuelles et morales.

Beaucoup de gens ignorent, messieurs, à quel âge se font ordinairement les mariages ; je me vois donc forcé d'énumérer une série de chiffres arides sans lesquels nos arguments seraient sans fondements. Je sais qu'on n'accorde souvent qu'une confiance relative aux statistiques, mais sur une question aussi simple, aussi claire que celle du dénombrement de la population, il n'est guère possible de se tromper.

On croit généralement que l'âge auquel on se marie recule tous les ans ; cette opinion est loin d'être exacte. Il est vrai que, depuis 1830, le nombre des mariages jeunes, c'est-à-dire ceux qui sont célébrés avant la vingt-cinquième année, a un peu diminué. Néanmoins ces unions précoces constituent toujours, en Suède, 36 p. 100 du nombre total des mariages, tandis qu'elles atteignent en Angleterre et en Sardaigne une proportion supérieure à 50 p. 100 ; on ne les voit figurer dans les statistiques bavaroises que pour 21 p. 100.

Voici quel a été dans ces vingt-cinq dernières années l'âge moyen [1] des nouveaux mariés :

|  | Hommes | Femmes |
|---|---|---|
| En 1861. . . . | 30,91 ans | 28,49 ans |
| En 1862. . . . | 30,92 — | 28,48 — |
| En 1863. . . . | 30,93 — | 28,43 — |
| En 1864. . . . | 30,81 — | 28,26 — |
| En 1865. . . . | 30,87 — | 28,47 — |
| En 1866. . . . | 30,86 — | 28,32 — |
| En 1867. . . . | 30,73 — | 28,07 — |
| En 1868. . . . | 30,78 — | 28,20 — |
| En 1869. . . . | 30,80 — | 28,23 — |
| En 1870. . . . | 30,15 — | 28,47 — |
| En 1871. . . . | 30,15 — | 28,53 — |
| En 1872. . . . | 30,22 — | 28,56 — |
| En 1873. . . . | 30,11 — | 28,41 — |
| En 1874. . . . | 31,17 — | 28,40 — |

(1) Hellstenius. *Studier i jemforande befolkningstatistik.* Stokholm, 1874, p. 95.

|              | Hommes.    | Femmes.    |
|--------------|-----------|-----------|
| En 1875.     | 31,14 ans | 28,38 ans |
| En 1876.     | 31,15 —   | 28,34 —   |
| En 1877.     | 30,80 —   | 28,20 —   |
| En 1878.     | 38,80 —   | 28,02 —   |
| En 1879.     | 30,72 —   | 27,85 —   |
| En 1880.     | 30,33 —   | 27,58 —   |
| En 1881.     | 30,19 —   | 27,47 —   |
| En 1882.     | 30,30 —   | 27,60 —   |
| En 1883.     | 30,23 —   | 27,47 —   |
| En 1884.     | 30,22 —   | 27,57 —   |
| En 1885.     | 30,03 —   | 27,40 —   |
| En 1886.     | 30,12 —   | 27,47 — [1] |

Il me faudrait trop de temps pour rechercher les causes qui ont pu produire ces oscillations; je me contenterai de faire observer que les chiffres contenus dans cette statistique ne sont nullement décourageants. Elle nous apprend que malgré l'élévation, chez les hommes, des chiffres du milieu de cette période, cet âge s'est abaissé, à la fin de ce quart de siècle, de plus de dix mois pour les femmes et d'une année pour les hommes. Encore quelques périodes évoluant dans ce sens, et nous arriverons au but désiré, surtout si l'on se rappelle que les moyennes données dans nos statistiques sont calculées sur la totalité des mariages, c'est-à-dire aussi bien sur ceux de seconde que de première noce. Or, au point de vue social et moral, ce qu'il importe

[1] *Sveriges officiela statistik.*

surtout de connaître, c'est l'âge auquel ont lieu les mariages en première noce. Cette statistique n'a pas encore été faite complètement pour notre pays, mais les hommes compétents en la matière l'évaluent à quelques années au-dessus des âges indiqués ci-dessus. Un Suédois se marie donc pour la première fois à l'âge de vingt-huit ans en moyenne, une Suédoise à vingt-cinq ans; or ces chiffres ne doivent pas être considérés comme défavorables.

A titre de comparaison, permettez-moi de vous citer quelques chiffres tirés des statistiques étrangères.

|  | MARIAGES EN GÉNÉRAL | | MARIAGES DE PREMIÈRES NOCES | |
| --- | --- | --- | --- | --- |
|  | Hommes | Femmes | Hommes | Femmes |
| France.... | 30,17 ans | 26,07 ans | 28,40 ans | 25,30 ans |
| Angleterre. | 28,01 — | 14,42 — | 26 — | 24,07 — |
| Danemark. | 31,50 — | 28,50 — | 26 — | 23,10 —[1] |

Dans le Danemark, ces chiffres se sont continuellement abaissés depuis 1855. Il ne serait pas impossible que notre peuple se rapprochât un jour du Danemark et de l'Angleterre. Or si les jeunes gens cherchaient vers l'âge de vingt-six ans à se fonder une famille et si les filles se fiançaient de vingt-trois à vingt-six ans, je ne verrais vraiment rien à désirer sous ce rapport. Oui, répondra-t-on, ces

(1) *National œkonomisk Tidskrift*, t. XVI, p. 90 et t. XX, p. 336.

chiffres sont exacts pour la généralité des gens du peuple ou de la campagne. Mais si on voulait établir une statistique de ce genre pour les classes dirigeantes, pour les hommes d'étude formés dans nos universités ou pour ceux qui occupent un rang analogue, on verrait que l'âge moyen auquel ils se marient n'est pas antérieur à quarante et même à cinquante ans [1]. Nous ne possédons malheureusement aucune statistique sur ce sujet, et je suis amené à prendre un chemin détourné qui, dans nos méditations ultérieures, nous permettra de répondre aux questions de ce genre. Les notes personnelles prises dans les tableaux de famille, les livres qui traitent ce sujet, les registres de l'état civil, enfin les papiers d'héritage, peuvent nous donner des matériaux fort importants pour établir une statistique et pour servir de bases à différents travaux. Pour ma part, je n'ai parcouru dans ce but que le dernier registre de l'église de Lund, l'histoire de la médecine en Suède [2], et enfin le calendrier nobiliaire de 1888.

Pour le personnel de l'église de Lund, qui, on le sait, ne se trouve pas précisément dans des conditions favorables pour se marier de bonne

(1) Comparez *Styrbjörn Starke*; Mannens, *äktenskapsalder*. Stockholm, 1888, p. 8.

(2) *Nouveaux compléments*, publiés par Wistrand, Bruzelius et Edling. Stockholm, 1873.

heure, j'ai trouvé sur un relevé de 224 mariages le chiffre de 35,9 comme âge moyen des mariages de premières noces. Sur ces 224 unions, 52 ont eu lieu avant trente ans, 145 avant quarante, 38 avant cinquante, enfin 9 à un âge encore plus avancé. Sur 576 médecins suédois, 105 s'étaient mariés pour la première fois avant trente ans, 395 avant quarante ans, 67 avant cinquante, et enfin 9 au delà de cet âge. L'âge moyen de leurs mariages était donc de 34 ans et 2 dixièmes.

Dans le calendrier nobiliaire, j'ai pu relever les dates exactes de 2073 mariages. Sur les 2073 hommes, 847 s'étaient mariés avant trente ans, 1001 entre trente et quarante ans, 201 entre quarante et cinquante, 24 après cinquante ans. L'âge moyen est donc de 31 ans, 5.

En comparant tous ces chiffres, on voit que ceux qui répondent à l'âge de mariage des divers groupes dont on a établi la moyenne, sont supérieurs à ceux des statistiques qui ont porté sur la totalité de la population, Ce résultat est d'ailleurs facile à comprendre. Les hommes qui ont servi de base à mes calculs ont dû se préparer par des études plus ou moins longues à leur carrière, à leur emploi, enfin à la situation qu'ils avaient choisie eux-mêmes ou leur famille. Ajoutons à cela que les jeunes gens qui entrent au service de l'État sont

quelquefois obligés d'accepter plus ou moins longtemps un poste qui leur enlève toute indépendance,
et ces circonstances contribuent à retarder leur
mariage alors même que leurs moyens de fortune
leur permettraient de se créer une famille.

### Époque du mariage dans les différentes classes de la Société.

La comparaison de nos statistiques relevées dans
les différentes carrières, nous montre qu'à Lund
tout au moins, c'est celle du professorat qui est la
moins bien partagée. Les médecins suédois se
trouvent sous ce rapport dans une situation plus
favorable. Si l'on tient compte de l'âge avancé
auquel se passe le dernier examen, on peut affirmer
d'une façon générale qu'un médecin peut se marier
dans les deux ou trois premières années qui suivent
son installation.

Les jeunes gens issus de familles nobles se marient plus tôt. S'il faut quelquefois en chercher
la raison dans les fortunes que possèdent ces
familles, cette circonstance n'est pas toujours la
cause occasionnelle des jeunes mariages; elle ne
l'est même pas dans la majorité des cas. Il suffit
de jeter un coup d'œil sur le calendrier nobiliaire
pour se convaincre que les nobles qui ne possèdent
qu'une modeste position sociale se marient tout

aussi jeunes que les riches fidéi-commissaires. Enfin, il ne faut pas oublier que la valeur des chiffres qui indiquent l'âge moyen des mariages est quelquefois altérée par ceux qui se font à un âge très avancé. Si un homme se marie de cinquante à soixante-sept ans, il ne faut pas en accuser la société, que l'époux soit colonel, directeur général ou pasteur.

D'après l'expérience que j'ai acquise dans certaines classes de la société, je crois qu'aujourd'hui les jeunes gens se marient plus tôt que ceux de la génération précédente. Même dans les classes supérieures je n'ai pas constaté l'élévation de cet âge; mais je dois reconnaître que je ne puis baser ce que j'avance sur aucune statistique véritable.

**Comment s'est développée l'institution du mariage.**

Toute personne qui s'occupe d'hygiène sexuelle doit être en mesure de donner son opinion sur la polygamie et la monogamie. Plusieurs auteurs ont avancé qu'au début de l'humanité les rapprochements des deux sexes n'étaient nés que de la promiscuité ou du besoin universel de s'allier à un autre individu, et que ce n'était qu'avec le temps que s'étaient établies la polygamie d'abord, puis la monogamie. Mais il reste encore à prouver l'authenticité de cette affirmation, pour la généralité des faits.

La vie sexuelle a été, comme d'ailleurs tant d'autres questions, si peu étudiée au point de vue de l'ethnologie comparée, que l'on ne peut encore en tirer aucune conclusion pour reconstituer l'arbre généalogique du mariage [1]. Des faits qui ont déjà pu être constatés, il résulte que la vie de ménage présente des différences notables dans les différentes sphères de la société, et même dans les classes voisines appartenant au même degré de culture; dans les unes on voit régner l'ordre et la fidélité réciproques, dans les autres on observe par contre les mœurs les plus relâchées [2].

Dans un travail récemment paru, C.-N. Starke, en s'appuyant sur des faits surabondants, soutient que seule l'ignorance des mœurs et du caractère du sauvage avait pu faire croire chez lui à l'accroissement continuel de la passion sexuelle; l'on s'était cependant fondé sur cette hypothèse pour établir que les rapports sexuels étaient nés de la promiscuité. D'après le même auteur, la monogamie existe depuis la plus haute antiquité, et cet ordre dans l'union de l'homme et de la femme a été commandé par la nécessité de partager le travail, et le besoin de se fonder un intérieur. La promiscuité dans les rapports sexuels

(1) Hoffding Etik. Copenhague, 1887, p. 171.
(2) Comparez H. Ploss, *Loc. cit.*, p. 289 et 379.

ne paraît s'être établie que plus tard comme la revendication d'une conception plus large de la famille humanitaire; ce sentiment allait, jusqu'au sein du ménage, disputer à chacun des époux le droit de se posséder mutuellement et de s'interdire des rapports sexuels avec autrui [1].

### Rapports numériques des deux sexes, circonstances qui modifient ces rapports.

Si nous interrogeons maintenant la nature, elle nous répondra qu'elle s'est efforcée, dans toutes les circonstances normales, d'établir l'équilibre entre les deux sexes. Elle n'atteint pas ce but en produisant un nombre exactement égal d'êtres de chacun des deux sexes. Mais, comme au moment de la naissance et dans les époques ultérieures de la vie, la mortalité est plus élevée chez les garçons que chez les filles, la nature commence par créer un plus grand nombre de garçons. Cet excédent est si considérable que, malgré les dangers de mort au moment de la naissance, le nombre des garçons qui viennent au monde vivants dépasse chez tous les peuples celui des filles. Il n'est pas de loi de statistique plus universellement admise et mieux confirmée que celle de la prédominance des nou-

(1) *La Famille primitive*. Paris; Félix Alcan, Bibliothèque scientifique internationale.

veau-nés mâles sur les nouveau-nés femelles [1]. Les proportions des enfants mis au monde vivants sont de 105,83 garçons contre 100 filles, et en faisant entrer dans cette statistique les enfants morts-nés, on trouve 106,30 garçons pour 100 filles. Si l'on ne considère le sexe que chez les enfants morts-nés, on constate les proportions suivantes :

```
En France.....   145 garçons pour 100 filles.
En Hollande...   129    —      —   100   —
En Suède......   131    —      —   100   —
```

Enfin ajoutons que l'excédent de garçons nés vivants n'est nullement constant dans les différentes contrées d'un même pays. En Suède, par exemple, on enregistre dans le dép. de Jemtland, 1 064 garçons pour 1 000 filles, à Stockholm 1 014 garçons pour 1 000 filles. Règle générale, c'est à la campagne que le nombre des enfants mâles est le plus élevé. Il est moindre dans les villes; cela tient, entre autres causes, au plus grand nombre d'enfants illégitimes parmi lesquels on trouve relativement moins de garçons [2].

La constatation des chiffres que nous avons énoncés a naturellement donné lieu à une foule

(1) Hellstenius. *Loc. cit.*, p. 103.
(2) Hellstenius. *Loc. cit.*, p. 104.

d'hypothèses. Depuis les temps les plus reculés, où les lettres et les sciences étaient encore en enfance, jusqu'à nos jours, on n'a cessé de philosopher sur les causes de la différenciation des sexes. De toutes les explications qui ont été données, nous nous contenterons de rappeler celle d'Hofacker-Sadler. D'après cette hypothèse, c'est le conjoint le mieux développé qui transmet son sexe à l'enfant, de sorte que ce dernier est mâle quand le père est l'aîné et femelle quand c'est la mère qui est plus vieille. Mais les recherches qui ont été longtemps poursuivies dans les bulletins de statistique n'ont nullement confirmé cette manière de voir. Noirot, Legoyt et Breslau ont émis une opinion diamétralement opposée [1].

Il me semble que l'anatomie comparée et d'autres analogies encore nous montrent qu'au moment de la conception, c'est l'individu le mieux développé qui doit imprimer son sexe à l'enfant; mais, chose étrange, le mâle ou la femelle qui se trouve en meilleur état à ce moment donne à l'enfant le sexe opposé au sien [2].

Il est curieux de voir la nature s'efforcer de rétablir l'équilibre dans les sexes, après l'avoir troublé elle-même. L'événement qui exerce le plus d'in-

(1) Comparez Oesterlen. *Loc. cit.*, p. 169.
(2) Comparez Ploss. *Loc. cit.*, p. 471.

fluence dans cette répartition, c'est la guerre.
Jamais un défaut d'équilibre dans les sexes n'a été
plus marqué qu'en Suède après les guerres de
Charles XII. Les statistiques relevaient 1250 femmes
pour 1 000 hommes; mais bientôt la différence fut
comblée par l'excédent des nouveau-nés mâles,
si bien que :

En 1760 on relève 1 000 hommes pour 1 120 femmes
En 1770        —              —           1 097   —
En 1780        —              —           1 081   —

Entre ces dix années : guerre.

En 1790 on relève 1 000 hommes pour 1 090 femmes.
En 1800        —              —           1 084   —

Entre ces dix années : guerre.

En 1810 on relève 1 000 hommes pour 1 097 femmes.
En 1820        —              —           1 085   —
En 1830        —              —           1 076   —
En 1840        —              —           1 079   —
En 1850        —              —           1 064   —
En 1860        —              —           1 059   —

A la suite de fortes émigrations.

En 1870 on relève 1 000 hommes pour 1 067 femmes.

Ce que nous venons de constater pour la Suède
se retrouve également dans les autres pays. Ainsi
la France comptait après les guerres de Napoléon :

          1 000 hommes sur 1 059 femmes.
En 1836  1 000        —          1 037   —
En 1859  1 000        —          1 010   —
En 1861  1 000        —          1 004   —

Le dénombrement de 1872 donna de nouveau 1.000 hommes contre 1 008 femmes.

L'Allemagne avait en 1864   1 000 hommes sur 1 018 femmes.
  —          en 1867   1 000        —        1 026   —
  —          en 1871   1 000        —        1 037   —[1]

Et nous pourrions citer de nombreux exemples de ce genre. J'ai dit plus haut qu'à la naissance, les garçons étaient plus nombreux que les filles; et pourtant toutes les fois que nous faisons porter nos statistiques sur des adultes, nous trouvons que le nombre des femmes est plus grand que celui des hommes. Il faut donc que la mortalité soit plus grande dans le sexe masculin ou bien qu'il y ait d'autres causes qui les chassent du pays. Or, outre l'influence de la guerre, il faut encore faire intervenir en partie l'influence des professions qui sont plus dangereuses pour les hommes (pêche, marine, exploitation des mines) et en partie celle de l'émigration qui éloigne tous les ans surtout des jeunes gens.

Malgré ces influences, on constate encore en Suède, de quinze à vingt ans, une légère prédominance du sexe masculin (1000 hommes contre 997 femmes). Ce n'est que dans la période suivante, de vingt à vingt-cinq ans, que le sexe féminin

_____________

(1) Hellstenius. *Loc. cit.*, p. 50 et suivantes.

prend le dessus (1009 femmes contre 1000 hommes);
à partir de cet âge cet excédent de l'élément féminin augmente avec les années[1].

La Suède fait partie des nations les moins bien
partagées sous le rapport de la répartition des
sexes. D'après les dernières statistiques :

| | | | |
|---|---|---|---|
| L'Angleterre compte . . | 1 000 hommes pour | 1 046 femmes. | |
| L'Allemagne. . . . . . | 1 000 | — | 1 037 — |
| La Norvège . . . . . . | 1 000 | — | 1 036 — |
| La France. . . . . . . | 1 000 | — | 1 008 — |
| La Belgique . . . . . . | 1 000 | — | 999 — |
| L'Italie . . . . . . . | 1 000 | — | 998 — |
| Etats-Unis d'Amérique . | 1 000 | — | 978 — |

Si notre pays désirait voir s'améliorer ces conditions, il faudrait combattre les naissances illégitimes ou même les supprimer complètement, et
chercher à diminuer les différences d'âge des
époux. Nous devrions veiller à ce que l'éducation
physique de nos filles fût plus satisfaisante; enfin,
dans certaines circonstances, il faudrait favoriser
l'émigration féminine, pour que le nombre des
femmes descendît au niveau de celui des hommes.

Comme ce défaut d'équilibre dans les sexes est
moins marqué dans les classes de la société où
les mœurs sont plus simples et plus morales, il
faut considérer ces écarts, de même que la grande

_______

(1) Hellstenius. *Loc. cit.*, p. 49.

mortalité des tout jeunes enfants, non pas comme
des phénomènes purement normaux, mais bien
comme le résultat de désordres sociaux. Les causes
directes doivent en être cherchées dans les maladies des organes génitaux dont nous nous occuperons plus tard, et aussi dans l'alcoolisme dont
l'étude ne fait pas partie de notre sujet. Ce n'est
pas une simple vue de l'esprit qui nous fait affirmer que ce sont ces deux fléaux de l'humanité qui
troublent l'harmonie naturelle des sexes, mais cela
ressort clairement de l'expérience et des statistiques.

# DEUXIÈME LEÇON

## LE MARIAGE



### Tendances de l'homme à la polygamie.
### Leur critique.

Nous avons vu dans la précédente leçon, avec quelle délicatesse la nature s'efforçait d'établir l'équilibre des sexes, première condition d'une véritable monogamie. (Je ne veux pas dire par là qu'elle soit nécessairement confirmée par l'expérience.) Je reviendrai plus tard sur cette question. Pour le moment, je vais me contenter de répondre aux objections contre la monogamie. On a prétendu de différents côtés que l'homme était né pour être polygame, la femme pour être monogame. D'excellents esprits se sont faits les interprètes de cette idée, et des perroquets inconscients ont essayé de l'élever à la hauteur d'une véritable profession de foi. Comme prototype des premiers, je pourrais citer Schopenhauer ; cet auteur cherche à prouver ce qu'il avance, par des tirades de ce genre que je cite textuellement : « L'amour de l'homme décline sensiblement à partir du moment où il a reçu satisfaction ; presque toutes les femmes l'attirent plus que celle qu'il possède déjà ; il aspire au changement. L'amour de la femme, au contraire, augmente à partir de ce moment[1]. » Cette disposition, prétend Schopenhauer, dénote la haute sagesse de la nature qui a tenu avant tout à assurer la conservation de l'espèce. Un homme peut créer cent enfants dans une année, une femme ne peut en créer qu'un.

Toute la légèreté de ce sophisme apparaît dès la moindre analyse. Schopenhauer ignore simplement l'égale répartition des deux sexes. Si le nombre des femmes était le double de celui des hommes, on pourrait admettre la possibilité de ce qu'il avance. Mais, étant données les proportions actuelles entre les nombres d'individus appartenant

(1) *Le Monde comme volonté et comme représentation.* Trad. fr. de A. Burdeau. Paris, F. Alcan, 1890, t. III, p. 352.

à chaque sexe, les désirs polygamiques des hommes qui n'aspireraient qu'au changement de femmes ne pourraient conduire qu'à la promiscuité ; or, ni la fécondation ni la conservation des proportions numériques dans les deux sexes n'exigent un tel état de choses. D'autre part, on ne peut pas nier non plus que la différence fondamentale qui distingue l'amour mâle de l'amour femelle paraisse, au premier abord, peu naturel.

Il existe des animaux monogames et des animaux polygames. Or dans toutes les races nous voyons les mâles et les femelles s'accorder dans leurs instincts et leurs désirs. Les biches du cerf ne se morfondent pas de jalousie les unes envers les autres ; elles ne revendiquent nullement sa possession, sa société et son appui exclusifs. Et ce serait précisément chez l'homme, le chef-d'œuvre, le roi de la création, que la nature aurait imprimé à chacun des deux sexes des instincts si différents que jamais leurs aspirations ne pourraient être satisfaites en même temps ! Quoi ! malgré tous les croisements des facultés héréditaires transmises des pères aux filles et des mères aux fils, malgré une éducation et un développement semblables, cette différence fondamentale dans les mœurs des deux sexes se maintiendrait indéfiniment comme un stigmate indélébile dont on aurait marqué le genre humain ? Sans parler des autres peines et dangers multiples liés à l'enfantement, la fécondité devrait-elle inévitablement entraîner chez la femme le besoin impérieux de fidélité de son époux sans que jamais ce désir ne pût ni ne dut être comblé ? Faudrait-il donc considérer un homme monogame comme une exception, comme une monstruosité de la nature, et pour remplir la première des exigences d'une morale, faudrait-il l'entraîner dans des aventures galantes ?

Vraiment ! sans vouloir attribuer à la nature des vertus théologales, nous ne pourrions échapper à la crainte que le genre humain, en présence d'une telle discordance dans les instincts des sexes, ne pût remplir ses autres engagements d'ordre plus élevé, et qu'ainsi l'humanité ne s'épuisât dans une interminable lutte pour la vie.

A mon sens, la phrase de Schopenhauer que nous citions plus haut, comme d'ailleurs tous ses écrits, mérite parfaitement le jugement d'un critique compétent qui prétendait que tous ses arguments sont insuffisants et ses conclusions absurdes[1].

On raconte que Napoléon Ier aurait dit un jour qu'une seule femme ne pouvait suffire à un homme. « Une femme, disait-il, ne peut remplir ses

______

(1) Krafft-Ebing. *Psychopatia sexualis.* Stuttgart, 1888.

devoirs d'épouse quand elle a ses règles, qu'elle est enceinte, malade, etc... », et que pour ces raisons un homme était obligé d'avoir plusieurs femmes. En partant de ce point de vue, il faudrait que tout homme se composât un harem suffisamment riche pour être toujours sûr d'avoir à sa disposition au moins une de ses odalisques qui ne fût soumise à aucun des ennuis que nous signalons plus haut ; or ce but ne paraît déjà pas si facile à atteindre. On sait que la polygamie est dans les mœurs des mahométans. Les Mormons ont essayé de la faire revivre dans une sphère déjà plus civilisée. Chez les premiers, la polygamie n'est que le privilège (?) des riches et des puissants ; chez les seconds, elle est plutôt le privilège des hauts dignitaires du ministère sacré. Dans tous les pays turcs où la majorité des hommes est polygame, on constate un défaut d'équilibre entre les deux sexes ; l'excédent des enfants mâles est plus accentué que d'ordinaire, et les mœurs matrimoniales ne peuvent exister qu'à la condition de voler ou d'acheter des femmes dans d'autres pays, de châtrer des hommes (eunuques), etc...[1].

Mais puisqu'on a tant parlé de la polygamie et des tendances polygames de l'homme, pensons donc une fois aux désirs de la femme.

(1) Comparez Oesterlen. *Loc. cit.*, p. 164. — *Real-Encyclopædie der med. Wissenschaften*, t. IV, p. 329.

Ne nous occupons pas seulement des aspirations de son âme qui tendent vers la fidélité de son époux, mais aussi de ses exigences physiques au point de vue génital. Demandons-lui si au lieu d'exiger la possession d'un homme tout entier, elle se contente seulement d'une partie de lui-même. Interrogeons sérieusement l'expérience à ce sujet, et si nous nous pénétrons de ses enseignements, nous verrons que, dans l'immense majorité des cas, c'est l'union d'un seul homme à une seule femme qui répondra le mieux à leurs désirs communs. Il n'est pas non plus sans intérêt de faire remarquer que le mariage implique aussi un certain droit de propriété qui ne peut être justement réglé par une société polygame, que ces mœurs s'exercent sous forme de polygamie proprement dite ou de polyandrie. Dans le mariage, chacun des contractants est animé d'une certaine jalousie légitimée par la nature et exigeant de chacun des époux une fidélité réciproque.

L'intensité de l'instinct génital de l'être humain qui recherche l'objet de ses convoitises est, dans certains cas, sujet à de grandes variations. L'histoire nous retrace la vie d'individus qui étaient hantés par des instincts génésiques vraiment extraordinaires; ces êtres étaient en quelque sorte insatiables. Si je voulais en citer des exemples, je n'aurais qu'à citer Néron parmi les hommes et Messaline parmi les femmes. Je n'ai pas à voir ici jusqu'à quel point on doit considérer ces êtres comme normalement constitués. Ces désirs insatiables se trouvent encore relatés et commentés dans la mythologie de plusieurs nations et dans certaines légendes populaires. Je me contenterai de rappeler ici la légende de don Juan, et sa contre-partie, celle du Tannhauser. Dans le premier de ces poèmes on a dépeint l'intempérance masculine, dans le second, l'intempérance féminine ; mais tandis que don Juan nous apparaît comme un homme raisonnable en chair et en os, la Vénus du Tannhauser se présente à nous comme un être d'un genre tout différent. Il se dégage de ces deux légendes la vague impression que, pour atteindre le même degré de débauche, une femme doit plus s'écarter de la loi naturelle qu'un homme.

### La polygamie chez les Orientaux.

Nous avons dit que la nature, plus généreuse pour l'homme que pour les bêtes, n'avait pas limité ses facultés génitales à certaines époques de l'année pas plus que par d'autres circonstances spéciales. Elle lui a permis de les satisfaire en tout temps. Mais il ne s'ensuit nullement que l'homme doive toujours se procurer cette jouissance. Il semblerait au contraire que la satisfaction constante de ses instincts génitaux exerçât une influence fâcheuse sur son moral et son physique. C'est ce que l'on observe, par exemple, chez les hommes qui appartiennent aux familles les plus riches de Turquie. Les riches diffèrent considérablement, sous ce rapport, des hommes du peuple; et tandis que ces derniers se distinguent par leur santé et leur vigueur, les turcs nobles ont généralement l'organisme anémié et énervé. En s'adonnant de bonne heure aux pratiques du harem, ils se sont exercés à distiller, pour ainsi dire, les préférences physiques et les points faibles des sensations voluptueuses de leurs femmes, ces raffineries exquises que les roués des pays occidentaux mettent une certaine vanité à satisfaire; mais à ce jeu leur verve et leur vigueur se sont épuisées, anéanties. Cette faiblesse de constitution s'étend du particulier à la généralité, de l'individu à la masse; et il n'est pas douteux que « l'homme malade » serait moins atteint si les enfants d'une nation avaient un peu de cette « inexhausta pubertas » que Tacite considérait comme un privilège particulier des Germains. Tacite, d'ailleurs, n'est pas le seul auteur qui ait fait des remarques de ce genre. Dans les anciens états de l'Amérique du Nord réduits à l'esclavage, des voyageurs dignes de foi nous disent que la vigueur des jeunes gens était gaspillée, épuisée par des rapports sexuels trop précoces. Un médecin scandinave qui pratiquait au Brésil fit également observer au congrès médical de 1884 que les individus du sexe masculin dégénéraient de la même façon, tandis que les jeunes filles qui, par tradition, sont obligées de contenir leurs désirs, se portaient moralement et physiquement beaucoup mieux.

Les auteurs européens qui plaident si ardemment en faveur des unions précoces n'ont pas d'autre idéal que de voir donner à un jeune homme une jeune esclave pour satisfaire ses désirs. Mais la voix de l'expérience parle un tout autre langage. La nature veut que l'homme gagne par ses mérites les grâces de sa compagne. Quand des conditions sociales la lui livrent sans efforts et sans lutte, elles blasphèment contre la nature et le maître en souffre peut-être plus encore que l'esclave.

Ajoutons enfin, en ce qui concerne la polygamie, que si, dans l'avenir, les biens, l'éducation, etc., doivent être en rapport avec le mariage, la polygamie devrait être le privilège de la fortune et des classes les plus élevées de la société; mais alors tous les hommes ne seraient rien moins que certains de pouvoir concilier leurs désirs sexuels et leur puissance génitale avec la position sociale qu'ils occupent. Le parti le plus avancé du socialisme a déjà eu conscience de cet état de choses. C'est pourquoi il demande, comme conséquence logique, que toutes les unions légitimes soient dissoutes, que les croisements des sexes n'aient d'autres lois que les caprices plus ou moins passagers des individus. Enfin, il exige que tous les enfants soient élevés dans des établissements publics.

### La domination de l'instinct sexuel considérée comme une force morale.

Un auteur, dans une autre situation et d'une autre valeur que ces séducteurs, Georges Brandès, n'hésite pas à formuler le souhait de voir les plaisirs érotiques des individus s'accomplir comme des actes personnels de la vie privée, et qu'en même temps les sentiments humanitaires des hommes progressent assez pour que l'humanité ne laisse aucun de ses enfants dans l'embarras[1]. Cette opinion montre combien est fausse l'idée que l'auteur se fait de l'évolution du monde. Il devient un réactionnaire de la pire espèce, un réactionnaire dont les idées ne reculent pas seulement par rapport à celle de son époque, mais qui nous feraient

_______

(1) Tilskueren, II, p. 502.

remonter à des milliers d'années, avant l'enfance même de toute société régie par des lois.

Aujourd'hui, on attache avec raison une importance plus grande à l'hérédité ; ceux qui voudraient faire du mariage un acte purement individuel doivent véritablement être taxés d'atavisme. C'est là une conséquence de cette erreur qui consiste à considérer les jouissances génitales comme faisant partie des droits généraux de l'homme ; il eût cependant suffi de jeter un rapide coup d'œil sur la nature pour éviter de tomber dans cette erreur.

Contrairement à ce que nous venons de dire, je prétends que, puisque l'instinct génital représente une force vive, puissante, de la nature, sa domination temporaire, et à plus forte raison absolue, prouve une force morale exceptionnelle.

### Opinion de Shakespeare.

Si je voulais maintenant m'appuyer sur une autorité incontestable, je ne pourrais pas invoquer un plus grand nom, une compétence plus indiscutée que celle de William Shakespeare. Dans *Cymbeline*, l'un de ses meilleurs drames, il dépeint le plus beau caractère de femme qu'il ait peut-être jamais conçu ; je veux parler d'Imogène, la fille du roi, mariée à Posthumus. En parlant d'Imogène, son époux s'écrie :

« Souvent le bras de mon épouse m'éloigna en me demandant grâce, le visage rouge de honte ; elle était si belle à voir qu'elle eût réchauffé le vieux Kronos lui-même ! » (Acte II, scène I.)

Je ne puis dire tout le prix que j'attache à ces vers et au sentiment qu'ils expriment ; je ne sache rien de plus noble dans toute la littérature profane. Shakespeare qui s'est fait tout autant qu'un autre l'interprète des exigences et des aspirations de l'amour, montre dans ces vers qu'une possession sans limite peut cacher des dangers, et de plus que la jouissance de ce que l'on appelle « sa propriété » doit être modérée et soumise à une délicatesse de sentiment qui naît d'abord chez la femme, mais à laquelle un gentilhomme est toujours forcé de rendre justice.

Le poëte montre aussi que seules les femmes élevées dans ces sentiments possèdent la force qui les soutiendra au jour de l'épreuve et les rendra dignes de remporter la victoire. Dans ce sens, la littérature moderne, dite réformatrice, commet une lourde faute. Elle proclame la nécessité de se marier jeune afin que l'homme apprenne à dominer ses passions, mais elle oublie que le mariage a un tout autre but que de satisfaire continuellement les instincts génitaux. L'homme qui se marie avec ces sentiments peut être assuré que, précisément sous ce rapport, son mariage sera malheureux. Il est besoin, surtout au début de la vie de ménage, d'une grande délicatesse et d'une prudente réserve.

### Situation de la femme comme jeune mariée.

La jeune mariée qui entre dans la chambre nuptiale n'est pas, comme son époux, préparée à ce qui va se passer. Dans son nouveau rôle, elle redoute toujours un peu son mari. Les premiers rapports, en rompant l'hymen et en distendant l'organe sexuel, provoquent une certaine douleur qui ne se limite pas seulement à l'acte de l'amour mais qui se continue pendant des jours et des nuits, au point de provoquer un véritable état pathologique qui met momentanément obstacle à de nouveaux rapports. Même dans des conditions absolument normales, le système nerveux de la jeune femme peut être tellement ébranlé que l'on voit se produire des attaques de nerfs.

Enfin, il ne faut pas oublier que tous ces changements dans la vie d'une femme ne sont pas sans exercer une profonde impression sur son âme. Elle a besoin de temps et de repos pour se remettre de ses émotions, concilier sa nouvelle vie avec ses principes religieux et moraux, et reconnaître :

Que ce n'est pas pécher que jouir d'un fidèle amour.
(*Roméo et Juliette*, acte III, sc. II.)

Des hommes impatients ont compromis dans leur lune de miel, par leur ignorance et leur manque de tact, tout le bonheur futur de leur ménage. Quand tous ces ennuis sont passés, et que la joie de se posséder est partagée par les deux époux, il est de règle que la jeune femme devienne enceinte. Et alors de nouvelles précautions, de nouvelles réserves deviennent nécessaires; car bien que dans l'espèce humaine les rapports sexuels ne soient pas absolument prohibés durant la grossesse, certaine prudence et de grands soins sont indispensables, surtout pendant la première grossesse.

### Interruptions naturelles.

Tout le monde sait que les jeunes mariées, et surtout celles qui appartiennent aux classes aisées et qui ont été élevées plus ou moins délicatement, sont particulièrement prédisposées aux fausses couches. Or celles-ci sont souvent la conséquence des rapports sexuels qui ont été continués pendant la grossesse. Dans des ménages où s'étaient produites coup sur coup plusieurs fausses couches, ce qui avait enlevé aux époux tout espoir de fonder une famille, j'ai vu mettre au monde de beaux enfants, après que les parents, sur mes conseils, se furent interdit tout rapport dès le début de la grossesse.

Cette dernière se termine naturellement avec la naissance de l'enfant; mais à l'accouchement commence une période pendant laquelle la femme doit s'abstenir encore de tout rapprochement sexuel. Depuis une époque très reculée, les médecins ont fixé cette période d'abstinence à six semaines à la fin desquelles les femmes fêtaient leurs relevailles et recommençaient à accomplir leurs devoirs conjugaux. Ce temps d'arrêt vaut assurément mieux que rien, mais il est malheureusement insuffisant. Une grande partie des maladies des femmes sont dues à ce qu'on n'a pas laissé reposer leurs organes génitaux assez longtemps.

Pendant l'allaitement, la femme ne devient généralement pas enceinte, mais on ne peut cependant pas affirmer qu'une grossesse soit impossible. Par contre, l'expérience nous apprend tous les jours qu'un nouvel enfant conçu pendant l'allaitement exerce une influence défavorable sur la mère, l'enfant allaité et le fœtus. Je lisais récemment dans un journal de gynécologie un article dans lequel on calculait le temps pendant lequel une femme devait suspendre ses rapports pour cause d'enfantement : tout d'abord neuf mois pour la grossesse, puis les douze ou quatorze mois que durent l'allaitement, enfin, trois à six mois pour que les organes reviennent à leur état normal; soit en tout de deux ans à deux ans et demi. Bien qu'une si longue pose ne soit que rarement observée et qu'elle ne soit pas toujours nécessaire, il n'en est pas moins vrai que dans bien des cas, elle est absolument indispensable, si la femme veut rester en bonne santé.

Un médecin entend souvent dire par un mari que sa femme est trop faible pour nourrir son premier enfant, et ce même mari n'hésite pas à remettre sa femme enceinte deux mois après son premier accouchement. Comme dans les classes aisées les femmes sont généralement trop faibles pour supporter toutes ces fatigues, elles tombent souvent malades à leur deuxième enfant. Leur beauté s'efface; elles éprouvent le besoin d'aller puiser de nouvelles forces aux sources thermales, soit pour se baigner, soit pour y boire des eaux; leur état nécessite un traitement médical long et coûteux, si bien que la famille en souffre, et finalement c'en est fait du bonheur conjugal[1]. Si parfois la santé de la mère semble s'affermir sous l'influence de plusieurs grossesses successives, il ne faut cependant pas oublier que les enfants dont les naissances se sont suivies de près ont une santé moins solide et présentent bien moins de résistance à la maladie que ceux qui sont nés longtemps les uns

(1) Kraft-Ebing. *Ueber gesunde und kranke Nerven.* Tubingen, 1885, p. 73.

après les autres. Ainsi, déjà, dans l'intérêt de l'enfant, il faut laisser à la mère un certain temps de repos, variable avec chaque femme.

### Les rapports sexuels dans le mariage.

Ceux qui s'imaginent que le mariage n'est qu'une suite ininterrompue de plaisirs génitaux trouveront sans doute un peu dures les recommandations que j'ai faites plus haut, et pourtant je n'ai pas dit encore un seul mot des autres circonstances, d'ailleurs nombreuses, qui entravent les rapprochements sexuels ou y mettent complètement obstacle.

A ces circonstances appartiennent en premier lieu les maladies chroniques sur la fréquence desquelles peu de personnes peuvent, en dehors des médecins, se faire une idée exacte. Songez que près du quart des femmes adultes sont atteintes de tuberculose sous une forme quelconque, que les maladies des organes pelviens, les maladies nerveuses, etc., font d'un grand nombre de femmes des demi-invalides, qu'enfin les maladies mentales de plus en plus nombreuses exigent un long traitement pour guérir complètement, quand leur incurabilité ne devient pas une cause de divorce. Songez à toutes ces calamités, et vous ne tarderez pas à vous apercevoir qu'en somme le mariage entraîne avec lui de si gros risques que seul l'homme qui se sent capable de se contenir et de se posséder peut l'aborder avec assurance.

Enfin, si l'on ajoute à cela que la mort vient quelquefois séparer deux époux, alors que la loi et les mœurs s'opposent à ce qu'un nouveau mariage soit célébré avant un certain laps de temps, et que des entraves ou des raisons personnelles peuvent mettre obstacle à un second mariage, on voit que la loi ne répond nullement aux exigences constantes de la vie sexuelle.

Peut-être objectera-t-on que dans les circonstances de ce genre, les limites de la loi sont toujours ou du moins très souvent dépassées, qu'une continence aussi prolongée n'est jamais observée, et qu'il faudrait être doué d'une dose de naïveté et d'optimisme vraiment peu commune pour le croire. Eh bien! je connais aussi bien qu'un autre les causes et les formes sous lesquelles se traduisent les écarts sexuels et l'infidélité conjugale, mais on ne n'empêchera pas de dire que, dans son ensemble, notre peuple est, sous ce rapport, un véritable point lumineux. Ce ne sont pas seulement les hommes qui se sont mariés novices, qui montrent, comme époux et comme veufs, une fidélité et une continence dignes de toute louange, mais aussi ceux dont la vertu avait été ébranlée pendant leur jeunesse. Cela démontre que quand un homme a

éprouvé, une fois dans sa vie, un véritable amour,
« la grande passion, » comme disent les Français,
ce sentiment est assez puissant pour illuminer son
âme et en chasser la lave qui étouffait ses nobles
vertus.

A ces motifs d'ordre plus élevé s'en ajou-
tent d'autres d'ordre plus banal, mais qui about-
tissent au même résultat : je veux parler de l'opinion de la société, de la crainte d'avoir une épouse
jalouse, d'apporter des maladies vénériennes au
foyer de la famille, etc.

Dans les entretiens quasi médicaux sur les rapports sexuels, l'expérience et les opinions de ceux
qui y prennent part, sont quelquefois fort divergentes. Certaines personnes prétendent par exemple
que l'habitude de jouir des droits du mariage rend
les hommes mariés particulièrement réfractaires à
se soumettre à une longue abstinence. Je ne suis
pas de leur avis. Quand il règne dans un ménage
un amour véritable, et que dans les jours de santé
une femme s'est conformée sans restriction et sans
égoïsme aux désirs de son mari, on ne peut pas
douter qu'un époux surmonte sans maugréer des
difficultés auxquelles est liée la santé de sa femme.

L'abstinence est donc possible ; elle est même
nécessaire de temps en temps. Même quand l'homme
et la femme sont en parfaite santé et qu'ils peuvent,

jouir l'un et l'autre de leurs droits conjugaux, ils ont besoin d'une certaine prudence, d'une certaine délicatesse de sentiments. Un homme ne doit pas exiger les faveurs de sa femme, mais il doit les lui demander. Il doit ménager sa femme non seulement quand elle est dans l'état dont nous parlions tout à l'heure, mais encore toutes les fois que quelque souci ou quelque ennui vient troubler sa tranquillité d'esprit. Nous ne saurions trop recommander à nos chers compatriotes de ne jamais se laisser pousser dans les bras de leurs femmes par une ivresse plus ou moins complète. D'innombrables ménages ont vu par cette faute leur bonheur se briser. Les sentiments de la femme sont frappés en plein cœur quand un acte qui devrait être « le langage du cœur, la fleur printanière de l'amour, le rêve exhaussé de l'âme, l'image de la communion spirituelle », quand cet acte que seuls l'amour et la beauté devraient enfanter, a trouvé son mobile dans la boisson, dans une sorte d'empoisonnement, dans une excitation avilissante.

**Fausse idée que se fait la femme sur « l'épouse ».**

Il me paraît moins indispensable de tracer ici une règle de conduite pour la femme. Je me contenterai de faire observer que puisque la puissance du mariage intéresse deux êtres, l'un des deux époux ne doit pas s'attribuer à lui seul ce qui revient à tous les deux. Si une femme refusait pour une autre raison que celles indiquées plus haut, de se donner à son mari, ce refus serait aussi illégitime qu'inintelligent.

Un médecin anglais, Acton, a étudié d'une façon toute spéciale le côté médical de la vie sexuelle; il prétend, dans un travail scientifique[1] qu'il a publié, que depuis que « les droits des femmes » se trouvent dans toutes les bouches, beaucoup d'hommes se plaignent de voir leurs épouses se considérer comme des martyres toutes les fois qu'il leur est demandé d'accomplir leurs devoirs conjugaux. Acton ajoute que depuis la publication du livre de John Stuart Mill, intitulé *Subjection of the women*, cette circonstance regrettable n'a fait que s'aggraver. Il cite l'exemple suivant :

« J'ai parlé récemment à une dame qui poussait à un si haut degré ses sentiments sur les « droits de « la femme », qu'elle refusait totalement à l'homme le droit de se prononcer sur l'opportunité des rapports sexuels dans le ménage. A l'appui de sa thèse, elle donnait comme argument que seule la femme avait à en supporter les suites, la charge de porter l'enfant pendant neuf mois, l'obligation

_________________

(1) *On the reproductive organs*, 6ᵉ édition. London, Churchill, p. 142.

d'abandonner le monde et ses plaisirs, et puisque seule enfin elle devait courir les dangers et supporter les douleurs de l'accouchement, elle avait aussi le droit d'interdire à son mari les rapports.

« Je me permis de faire observer à cette femme fort distinguée que, médicalement parlant, une existence de ce genre serait fort préjudiciable à son mari, surtout si ce dernier avait le sens génital très développé. Elle récusa mon argument, et me répondit qu'un homme qui ne se sentait pas capable de contenir ses désirs, devrait épouser une fille publique et non une femme cultivée qui n'a nulle envie de sacrifier son temps à des occupations qui sont plutôt celles d'une nourrice ou d'une bonne d'enfant [1]. »

L'auteur ajoute qu'il avait vu fréquemment des époux briser leur bonheur conjugal et demander le divorce pour cette raison. A une autre page du livre d'Acton, nous lisons le passage suivant : « Contrairement à ces doctrines, j'aimerais mieux donner aux femmes le conseil de suivre l'exemple de ces jeunes épouses fraîches, gaies, si bien douées de la nature et qui, au lieu d'exalter leurs malheurs imaginaires, trouvent leur plus grande satisfaction à plaire à leurs maris, et qui ont su

_______________

[1] Acton. *Loc. cit.*, p. 215 et 216.

reconnaître que la femme avait été créée pour être la compagne et l'aide de l'homme. Plus d'un médecin se rappelle sans doute, comme moi, certaines femmes qui, dans leurs moments de recueillement et de repentir, ont reconnu que c'était leur indifférence et leur sécheresse de cœur qui avaient tout d'abord refroidi puis complètement éloigné leurs maris dont elles n'avaient su estimer l'amour que trop tard [1].

J'espère que personne ne m'accusera de me contredire en reconnaissant la légitimité des paroles et des enseignements d'Acton. C'est précisément parce que je réclame tant de liberté pour la femme et tant de réticence de la part de l'homme que je demande aussi à la femme de ne pas augmenter à plaisir les difficultés qui doivent être vaincues pour parvenir à cette intimité profonde que tout ménage doit d'abord rechercher.

En considérant toutefois ce qui a été dit plus haut, je ne puis m'empêcher, quand je vois une femme sur le point de se marier, de lui répéter ce que Sonderreger disait aux jeunes gens qui désiraient embrasser la carrière médicale : « Si tu connais quelqu'un qui veut devenir médecin (ici épouse), mets-le (la) sur ses gardes, exhorte-le (la)

---

(1) Acton. *Loc. cit.*, p. 143.

à réfléchir sérieusement, et s'il (elle) persiste dans ses intentions, donne-lui ta bénédiction si toutefois elle a quelque valeur, — car il (elle) en aura peut-être bien besoin [1]. »

Certains lecteurs trouveront peut-être cette façon de penser bien pessimiste, et s'étonneront que d'une union aussi naturelle que celle du mariage, puissent résulter si facilement des mécomptes et des malheurs. Une des causes de cet état de choses déplorable réside à coup sûr dans ce fait que déjà, d'après les mœurs de la société actuelle, les jeunes gens des deux sexes restent, dans beaucoup de classes de la société et pendant des années, sans pouvoir librement se fréquenter. Des étudiants, des ouvriers, passent une grande partie de leur jeunesse à vivre continuellement de la vie de garçon, pendant que, de leur côté, les jeunes filles qui appartiennent au même monde restent assises à la maison sans qu'il leur soit pour ainsi dire possible de fréquenter ni d'observer leurs parents du sexe masculin.

Quand des personnes de cette classe se marient, elles risquent beaucoup plus que les jeunes gens de la campagne par exemple, ou des classes ouvrières qui ont acquis, dans leurs rapports et leurs travaux

(1) Cité par Petersen, *Den mediciniske Lægekunsts historie.* Copenhague, 1876, p. 349.

quotidiens, des connaissances personnelles qu'il est difficile de puiser ailleurs. Autant que je puis en juger par mon expérience personnelle, c'est dans ces sphères de la société que l'on rencontre le moins de ménages malheureux.

### Règles de la vie de ménage.

Les médecins et les moralistes ont, de tout temps, essayé de régler la fréquence des rapports sexuels de l'homme et de la femme en état de santé parfaite. Dans les livres de religion et de morale ainsi que dans les textes de loi de l'antiquité, on lit les détails les plus étranges touchant cette question. Tantôt ce sont des commandements qui cherchent à protéger la femme contre des exigences trop grandes de leurs maris ; tantôt ils veulent assurer une certaine dose de jouissance à la femme, en fixant au mari un minimum de rapprochements sexuels.

Dans d'autres cas, il semble que ces écrits aient été inspirés par la pensée d'avoir des enfants robustes. Zoroastre exigeait qu'un homme vît sa femme une fois en neuf jours, Solon trois fois en un mois, Mahomet une fois par semaine quand la femme n'avait pas de raison pour s'abstenir. Dans les anciens textes rabbiniques, ces commandements variaient avec la position de l'époux. Les jeunes

gens robustes qui n'avaient pas d'occupations spéciales devaient à leurs femmes des rapports quotidiens; les ouvriers pouvaient ne les voir qu'une
fois par semaine; enfin les hommes dont les professions étaient plus ou moins fatigantes pouvaient
intercaler un ou plusieurs mois entre leurs nuits
d'amour.

Parmi les préceptes de ce genre qui sont les
mieux connus, il faut citer ceux de Luther qui
recommandait de remplir les devoirs conjugaux
deux fois par semaine. Il n'est pas douteux que
par ce précepte, comme d'ailleurs par beaucoup
d'autres encore qu'il a tracés au sujet du mariage,
Luther ait acquis un mérite indiscutable dans les
progrès de la morale sexuelle. La rudesse du
moyen âge, comme les ardentes passions de la
renaissance ont trouvé, dans les enseignements et
le puissant exemple de Luther, la modération dont
elles avaient besoin. Plus d'un ménage ne se com-
porterait que mieux s'il voulait mettre ces conseils
en pratique. Dans des conditions parfaitement normales, un homme n'avait pas besoin de se restreindre à cette proposition, mais il avait le droit
de voir sa femme de trois à quatre fois par semaine
entre les époques où des empêchements naturels
devaient y mettre obstacle. Mais il importe de
dire avant tout qu'on ne saurait fixer aucune indi-

cation précise s'adaptant à tous les individus. Le rapprochement des sexes est une institution, en quelque sorte une loi de la nature vers laquelle nous pousse un instinct naturel. Celui qui garde ses sens intacts, qui a appris au milieu des plus exquises jouissances à ménager sa compagne, celui-là court le moins de risques de faire fausse route. Contrairement à plusieurs observations qui m'ont été adressées, je pense qu'il est parfaitement correct et légitime que des époux aient des rapports sexuels toutes les fois que leurs sens et leur esprit les poussent l'un vers l'autre. Je ne vois donc aucune raison pour que des jeunes époux s'abstiennent de jouir de leur bonheur dans les premiers temps de leur mariage. Les circonstances que nous avons indiquées interrompent d'ailleurs naturellement ces rapports et ne leur laissent que de courtes périodes pendant lesquelles ils peuvent en profiter. Ils n'ont besoin, sous prétexte de se conformer à une doctrine quelconque, de se poser d'autres freins que ceux commandés par leur santé corporelle et spirituelle [1].

La pierre de touche dans les rapports sexuels,

(1) « Nous pouvons déguster à notre gré ce nectar; la nature se charge elle-même de le verser, et de tenir la coupe sur nos lèvres; si nous en buvons de trop, elle y verse de l'eau, plus tard de la bile, quelquefois enfin un mortel poison ». Pomeroy, *Ethics of marriage*. New-York et London, 1888, p. 80.

c'est qu'au jour qui suit leurs embrassements, les époux se trouvent l'un et l'autre frais, dispos et alertes de corps et d'esprit, plus encore s'il est possible qu'après les autres nuits. Quand ces signes font défaut, c'est qu'il y a eu excès. Il semblera peut-être dur à bien des gens d'entendre parler d'excès dans le lit conjugal, et pourtant c'est ce qui arrive souvent, non seulement pendant la lune de miel, mais encore après de longues années de vie commune. Des troubles physiques et psychiques survenus chez l'un ou l'autre des époux ont souvent pris naissance de la sorte, et fréquemment aussi la cause passe inaperçue du médecin quand il n'a pas soin, dans son interrogatoire, de s'informer sur ce chapitre.

A notre époque de nervosisme, ce point mérite d'être mis tout particulièrement en lumière, et c'est, ce me semble, avec grande raison qu'Acton rappelle que les hommes occupés à des travaux intellectuels et habitant nos grandes villes ont besoin de ménagements particuliers, et ne devraient pas voir leurs femmes plus d'une fois tous les sept ou dix jours[1].

(1) *Loc. cit.*, p. 188.

### Différence des sensations voluptueuses dans les deux sexes.

Il me souvient que du temps de ma jeunesse et de mes études, les jeunes gens s'entretenaient souvent du mariage. Ils se demandaient si dans les rapports sexuels c'était l'homme ou la femme qui avait la plus grande part de jouissance. La conclusion universellement adoptée à cette époque, était à peu près la suivante : « Si l'homme avait autant de souffrances à supporter que la femme quand elle accouche, il préférerait, après en avoir fait une fois la triste expérience, abandonner les plaisirs de l'amour plutôt que de s'exposer de nouveau aux mêmes épreuves. Or la femme risque plusieurs fois les douleurs de l'enfantement, donc elle jouit davantage (avant) que l'homme, ce qu'il fallait démontrer. »

Ce naïf raisonnement d'enfant prouve que ceux qui le faisaient n'avaient pas grande connaissance de la nature de la femme. J'aurais passé cet argument sous silence, comme d'ailleurs toute cette question de la différence d'intensité des sensations voluptueuses dans les deux sexes, si ce sujet n'avait été mis à l'ordre du jour dans de nouveaux romans et dans des discussions publiques provoquées par des ouvrages appartenant à la littérature moderne.

Ces discussions ont eu lieu entre des hommes de morale élastique et des femmes partisantes ferventes des principes rigoristes. On y a soutenu cette idée, qu'étant donnée la faiblesse de l'instinct génital de la femme, faiblesse qui est souvent la source du malheur de l'homme dans le mariage, on devrait élever la femme d'une autre manière, et de façon à ce que ses propres désirs l'y portent davantage.

Il n'échappera à personne que cette plainte n'est que l'expression du dépit des jeunes libertins qui s'étonnent que leur passion n'ait pas poussé toutes les femmes dans leurs bras dès leur première démarche.

### Variétés de types féminins.

L'instinct génital et l'intensité des sensations varient à l'infini chez la femme. Permettez-moi de vous donner des exemples à l'appui de ce que j'avance. Comme type de sensibilité positive, je citerai un passage d'une lettre d'Héloïse à Abeilard :

« In tantum vero illæ, quas pariter exercuimus, amantium voluptates dulces mihi fuerunt, ut nec displicere mihi nec vix a memoria labi possint. Quocumque loco me vertam, semper se oculis meis cum suis ingerunt desideriis.

. . . . . . . . . . . . . . . . . . . . . . . . . . . . . . . .

« Quæ cum ingemiscere debeam commissis, suspiro potius de amissis. Nec solum quæ egimus, sed loca pariter et tempora, in quibus hac egimus, ita tecum nostro infixa sunt animo, ut in ipsis omnia tecum agam, nec dormiens etiam ab his quiescam. Nonnunquam ex ipso motu corporis animi mei cogitationes deprehenduntur nec a verbis temperant improvisis [1]. »

En lisant ces lignes où débordent d'une façon si extraordinaire les effusions de son cœur, il ne faut pas oublier qu'Héloïse était loin d'être une courtisane ; elle était au contraire connue pour la fidélité qu'elle garda à son bien-aimé, et de plus elle était, par sa fortune et son éducation, d'un rang très élevé.

Laissez-moi vous citer maintenant, comme pendant, un exemple de source plus récente :

« En 185., je fus consulté par un avocat âgé d'environ trente ans, qui venait chercher un conseil contre sa faiblesse génitale. En l'interrogeant, j'appris qu'il était marié depuis un an, que pendant cette période il avait tenté une seule fois le rapprochement sexuel, mais qu'il n'était pas bien sûr que cette unique tentative eût complètement abouti. Il m'amena sa femme parce que, disait-il, cette dernière voulait également me parler.

(1) Cité par Hwasser, om Äktenskapet. Upsal, 1841, p. 69.

« Je trouvai dans sa femme une personne d'une haute culture et de sentiments particulièrement délicats. Elle me parla avec une franchise qui était tout aussi exempte d'effronterie que de fausse honte. Elle considérait comme son devoir de s'expliquer avec moi. Elle me raconta son histoire sans rougir et sans hésitations et je regrette que les mots me manquent pour dire avec quelle élévation d'esprit elle me mit au courant de sa vie.

« Son mari et elle se connaissaient depuis leur enfance; ils avaient été élevés l'un à côté de l'autre, plus tard ils s'étaient aimés et finalement mariés. Elle avait des raisons pour le croire, faible au point de vue génital, mais elle était persuadée que cela ne tenait pas à des fréquentations illégitimes; elle considérait cette faiblesse comme tenant à sa constitution. Elle avait pour lui les plus délicates attentions et ne se serait pas résolue à consulter si elle n'avait tenu, pour lui, à être mère; car, disait-elle, cela ne pouvait qu'augmenter leur bonheur conjugal. Elle m'affirma en même temps n'avoir pas le moindre désir génésique, ou du moins que ces sentiments, s'ils existaient, étaient à coup sûr à l'état latent. Son amour pour son mari était purement platonique, et loin de s'efforcer de mettre ses faibles sensations en activité, elle se demandait jusqu'à quel point cette tentative serait légitime.

Elle aimait son mari tel qu'il était et n'eût rien désiré de plus si ce n'eût été dans l'espoir d'être mère [1]. »

Acton ajoute à cette anecdote : « Je considère cette femme comme le modèle le plus parfait de la femme d'intérieur et de la mère anglaise, pleine d'attentions délicates, prête à tout sacrifice raisonnable et tellement pure de cœur que tout désir sexuel lui était inconnu et qu'elle éprouvait plutôt une répulsion à cet égard, mais elle était si dévouée à son mari bien-aimé qu'elle était toute disposée à lui sacrifier ses sentiments et ses désirs. »

Entre ces deux extrêmes, la vie sexuelle de la femme peut présenter tous les intermédiaires; au delà de ces limites on tombe dans les anomalies. Jusqu'à présent, nous nous sommes occupés surtout de l'élément négatif, si je puis m'exprimer ainsi, de l'absence de désirs génésiques. L'expérience nous enseigne d'ailleurs qu'il y a des femmes aux natures froides qui, sous tous les autres rapports, sont des épouses et des ménagères modèles; mais elles ne cachent pas leur déplaisir, voire même leur véritable répulsion pour toute espèce de rapprochement sexuel qu'elles refusent quelquefois

_________

(1) Acton. *Loc. cit.*, p. 213-214.

formellement. Ces cas coïncident presque toujours avec quelque trouble pathologique et peuvent souvent être modifiés par un traitement médical[1]. Si maintenant, laissant les exceptions de côté, nous envisageons la généralité des faits, nous voyons que l'homme qui dispose de son temps comme il veut a beaucoup plus de jouissance que la femme qui, par ses accouchements répétés, les maladies des organes génitaux et d'autres causes encore, devient plus ou moins insensible et indifférente aux sensations génitales.

D'ailleurs la façon dont une femme se comporte dans le lit conjugal dépend beaucoup de son époux. Si ce dernier estime la vie commune à sa juste valeur, et sait prendre des ménagements envers son épouse; s'il sait enfin aller au-devant du cœur de sa femme, son ménage lui donnera une toute autre satisfaction qu'à un homme égoïste qui n'a pour but que sa satisfaction personnelle.

**Manière de vivre des célibataires.**
**Citations sexuelles dans la littérature actuelle.**

Nous arrivons maintenant à une question fort importante, la plus importante de toutes au point

(1) Comparez Acton. *Loc. cit.*, p. 214; Krafft-Ebing, *Psychopathia sex.*, 1878, p. 30; *Real-Encyclopædie der med. Wissenschaften*, t. XX, p. 73.

de vue individuel. Que doit faire un homme avant son mariage? Doit-il avoir des maîtresses ou non? Voyons d'abord ce que nous apprend l'expérience et ce que nous disent les livres. Une bonne partie des auteurs modernes ont contribué à l'étude de ce sujet, et je voudrais commencer par analyser leurs ouvrages.

Max Nordau, considéré par beaucoup comme leur « leader » ne soutient pas directement la nécessité des unions polygames, mais ses arguments y tendent, dans bien des passages de ses œuvres. D'après cet auteur, les faits parlent un langage qui ne peut guère prêter à la confusion : « L'homme n'est pas, en réalité, un animal monogame. » « La fidélité absolue n'est pas dans la nature humaine, elle n'est pas un attribut physiologique de l'amour. » « Le célibataire a reçu de la société l'autorisation tacite de se procurer les agréments des liaisons féminimes où et comme il peut se les procurer; elle appelle ses récréations personnelles ses « succès » et les entoure d'une sorte d'auréole poétique. Il y a à peine un homme sur cent mille qui puisse jurer sur son lit de mort n'avoir jamais connu qu'une femme dans toute sa vie [1]. »

Dans *Erik Grane*, dans sa réponse à M. Per-

______

(1) *Les mensonges conventionnels de notre civilisation*, le mensonge matrimonial, trad. fr., p. 261 et suiv. Paris, 1888.

sonne [1], enfin dans ses leçons [2] récemment publiées, G. de Geijerstam soutient que pendant la vie de jeune homme les rapports sexuels sont nécessaires. L'héroïne d'*Erik Grane* s'est tellement pénétrée de ces principes qu'elle en arrive à ne s'inquiéter nullement de la pureté des mœurs de son époux. Elle n'éprouve « aucune jalousie pour ce qui est passé » et pense que « tous les hommes ont dû agir de même [3] ».

Presque à chaque ligne des derniers travaux d'Aug. Strindberg, nous trouvons des protestations véhémentes contre toute doctrine qui exigerait la continence de la part des jeunes gens. Il cherche à démontrer que les rapports sexuels illégitimes sont indispensables à leur santé, à leur développement et à leur gaîté.

Un autre auteur moins renommé, tout jeune et à peine sorti des bancs de l'école, publie un ouvrage dont le personnage principal sur le point de se marier fait, entre autres confidences, celle-ci à sa fiancée : « Je ne me demande pas si un homme de vingt à trente ans peut ou doit vivre comme une jeune fille est obligée de le faire pour être esti-

(1) *Hvad will Lektor Personne?* Ett. gemmale Stockh. 87, p. 24 et 25.

(2) *Stridsfragor für dagen.* Helsingsfors, 1888, p. 52 et suivantes.

(3) *Loc. cit.*, p. 334.

mée honnête femme ; je constate simplement qu'il n'y a guère de jeune homme qui le fasse, du moins de jeune homme qui ne présente aucune anomalie physique ou psychique[1]. »

C'est ainsi que sonnent les cloches! Un jeune homme qui n'a encore acquis d'autres connaissances que celles que lui ont enseignées ses devoirs d'écolier, avance sans hésiter et déclare catégoriquement que tous les hommes ont une vie immorale. Mais s'ils vivent sans mœurs, il est fort douteux qu'ils aient raison de le faire. Comme cependant on ne peut pas renier ni passer sous silence des faits d'expérience, il faut bien avouer qu'il y a des jeunes hommes purs ; alors on déclare simplement, comme argument sans réplique, que les jeunes gens de cette catégorie sont des anomalies physiques et psychiques, mais que tous les individus bien portants vivent autrement.

Les moindres notions historiques et ethnographique eussent appris à cet auteur que l'obligation à la continence se retrouve dans les religions, les mœurs, les caractères de certains peuples où elle est encore prêchée aujourd'hui ; or cette loi a été suivie par un certain nombre d'adeptes. Il n'est pas de page d'histoire dans laquelle il soit fait allusion

(1) Alfred Lindkuist. *Bagatelles*, p. 67.

à un peuple ou à une race perdus par la continence; l'histoire renferme au contraire de nombreux chapitres prouvant le contraire.

Il faut d'ailleurs reconnaître en faveur de l'auteur que nous venons de citer, que son héroïne est
moins indifférente que celle d'*Erik Grane*. Bien
qu'il ne nous dise pas si la jeune fille finit par
agréer le jeune homme, l'aveu que celui-ci fait à
sa fiancée la laisse soucieuse et triste.

Interrogeons maintenant l'expérience de quelques médecins. Le physiologiste Kraft-Ebing dit :
« Un grand nombre d'hommes normalement constitués peuvent mettre un frein à leurs passions
sans que, par cette continence, leur santé souffre
le moins du monde [1]. »

Acton déclare, dans le livre que nous avons déjà
cité plusieurs fois, qu'avant le mariage la continence absolue des jeunes gens peut et doit être
observée [2].

L'hygiéniste Oesterlen s'exprime ainsi : « La
possession de ses sens peut déjà éviter par elle-
même bien des malheurs quand elle repose sur
une morale élevée, sur la pudeur, la dignité de
soi-même, enfin quand elle est soutenue par un

(1) *Psychopathia sex.*, 1876, p. 104.
(2) Comparez le chapitre « Continence », p. 12 et « Incontinence »,
p. 33.

genre de vie approprié et un entourage pur qui en donne le salutaire exemple. Le jeune homme, comme la jeune fille, doit apprendre à se contenir jusqu'à ce que son temps soit venu. Or il sera d'autant plus capable de garder sa virginité qu'il se sera profondément pénétré de cette vérité, c'est que de cette période critique dépendra tout le bonheur de son avenir, surtout en ce qui concerne le mariage ; il faut qu'il sache bien qu'il sera récompensé de cette mortification, de ce sacrifice volontaire par une santé florissante, une ardeur toujours nouvelle, et enfin par le plus grand des biens, la tranquillité de sa conscience [1]. » Pour expliquer les causes qui contribuent à exalter la vertu ou à la perdre, l'auteur ajoute : « Ceux-là seuls pourront rester purs qui mèneront une vie sobre et régulière et joindront à la possession de leurs sens une grande simplicité dans leurs goûts. C'est pourquoi la vertu habite rarement les palais et les endroits de ce genre où chacun peut faire ce qu'il veut dès son enfance et où tous ses actes ne trouvent autour de lui que ravissements ou excuses. Mais elle est aussi incompatible avec le manque de culture intellectuelle, la rudesse et l'indigence. »

(1) *Handbuch der Hygiene*. Tubingue, 1876, p. 728-729.

Lionel S. Beale, professeur au collège royal de Londres, écrit : « Ceux qui soutiennent que, dans les cas où le mariage est rendu impossible pour des causes diverses, il est indispensable pour dès raisons physiologiques de le remplacer par d'autres unions, ceux-là ne font reposer leur opinion sur aucun argument sérieux. On ne saurait trop répéter que l'abstinence et la pureté la plus absolues sont parfaitement compatibles avec les lois physiologiques et morales, et que la satisfaction des désirs sexuels et des jouissances génitales n'est pas plus justifiée par la physiologie et la psychologie que par la morale et la religion [1]. »

. . . . . . . . . . . . . . . .

« Il y a des milliers d'individus qui naissent, vivent et meurent, ayant vu le mal autour d'eux sans jamais en avoir été plus touchés que si le péché n'existait pas. Et puisque c'est le cas de quelques-uns, pourquoi ne serait-ce pas pour beaucoup ? Ce méfait (soi-disant nécessaire) ne le serait-il que pour une partie, une petite partie des hommes ? S'il en était ainsi, il faudrait essayer d'expliquer en quoi cette minorité se distingue si profondément de la masse, pour qu'il tombe nécessairement sous le coup d'une malédiction qui ne

---

(1) *Our morality and the morat question. Chiefly from the medical side.* London, Churchill, 1887, p. 47.

touche pas le reste des hommes. Le fataliste le plus excessif oserait-il prétendre que le mal soit maintenu à un certain niveau, invariable, par une force obscure mais toujours égale à elle-même qu'il appelle une loi? » Ce philosophe nous accordera cependant que le monde pourrait être pire encore qu'il n'est en réalité, et à moins de récuser de parti pris la voix de la raison, il devra alors reconnaître que lui-même pourrait être meilleur qu'il n'est [1].

Dans les livres de morale et de religion qui traitent ce sujet, on lit souvent que des médecins ont conseillé à des jeunes gens de contracter des liaisons en dehors du mariage; plus souvent encore on entend dire que cette recommandation a été faite par telle ou telle célébrité médicale. Quand des paroles dites dans le cabinet d'un médecin ont été colportées de bouche en bouche, il n'est plus toujours facile d'en vérifier l'exactitude, et il peut en résulter bien des malentendus. J'ai entendu dire, par exemple, par un de mes malades, qu'un médecin renommé lui avait conseillé des rapports sexuels illégitimes. Or, je connais particulièrement le médecin en question et suis fermement convaincu que volontairement ou

(1) *Loc. cit.*, p. 67.

involontairement, le malade avait altéré le sens de ses paroles. On ne doit pas considérer davantage comme des « conseils médicaux » ceux de jeunes étudiants en médecine plus ou moins lubriques qui essayent d'entraîner leurs camarades dans une vie facile, sous prétexte que ce genre d'existence offre de grands avantages pour la santé. Je vous ai déjà cité les opinions des représentants les plus éminents de notre science, et je pourrais les multiplier à l'infini si je ne craignais de vous fatiguer.

Qu'il me soit permis seulement de rappeler ici que j'ai parcouru la plus grande partie de la littérature moderne, mais que nulle part je n'ai trouvé un encouragement plus direct aux rapports illégitimes que dans le passage suivant tiré d'un article sur l'onanisme : « Chez beaucoup de jeunes gens, les habitudes onanistiques cessent du moment qu'ils ont eu commerce avec une femme... Sans conseiller formellement le coït dans tous ces cas, il faudrait cependant le prescrire quand il y a urgence d'arracher l'individu à la passion des attouchements solitaires qui se développe et s'enracine en lui. Mais la plupart trouvent si bien d'eux-mêmes ce remède qu'il est rarement nécessaire de le leur indiquer [1]. »

(1) *Nouveau Dictionnaire de médecine et de chirurgie*, t. XXIV, p. 494.

Je dirai plus loin ma façon de penser sur cette question particulière. J'ajoute seulement que j'ai appris par les arguments contradictoires de Niemeyer [1], qu'il existait réellement des livres écrits par des auteurs dont il tait les noms et qui conseillent aux jeunes hommes nouvellement mariés, faibles et nerveux, de se faire développer leurs sensations génitales par des filles débauchées. Je n'ai jamais rien lu de plus fort sortant d'une plume médicale, sur ce sujet, mais par contre j'ai lu bien souvent des témoignages contraires. Je me permets de citer encore une fois Acton : « Sans parler des raisons morales, je suis parfaitement convaincu qu'il n'est aucun motif physiologique ou d'autre sorte qui autorise le médecin à ordonner des rapports de promiscuité ou systématiques avec l'autre sexe, ou même qui l'autorisent à les approuver secrètement [2] ». Il ajoute plus loin : « Le professeur émérite Newman, de « l'University college » n'a dû puiser ses connaissances que dans des ouvrages erronés et extra-scientifiques, quand, dans sa brochure récemment parue, il reproche au corps médical d'encourager le vice. Puisse ce que je viens de dire à l'instant réfuter de la manière la plus

(1) *Éléments de pathologie interne et de thérapeutique*, 3° édit. française. Paris, G. Baillière, 1873, t. II, p. 80.

(2) *Loc. cit.*, p. 33.

formelle cette accusation [1]. » Il rappelle ensuite le jeu éhonté auquel se livrent à Londres de nombreux charlatans, leurs réclames, leurs ordonnances néfastes et leur usure [2].

Lionel S. Beale fait la remarque suivante : « Dans une conférence tenue dans la cure de Truro, l'évêque de cette ville s'exprima ainsi : « Je pourrais citer de nombreux exemples de médecins — malheur et honte à eux! — qui ont conseillé à des jeunes gens de pécher pour conserver leur santé. » Il est très regrettable que des hommes qui occupent des fonctions telles que celles de l'évêque de Truro, se permettent des expressions aussi offensantes que celle de « nombreux exemples ». Me sera-t-il permis de lui demander combien il en connaît — exactement comptés? Depuis trente-cinq ans que j'ai eu des occasions exceptionnellement fréquentes d'étudier cette question, j'ai peut-être rencontré en tout deux ou trois exemples de ce genre et encore ces faits ne sont-ils pas tellement incontestables que j'eusse été en droit d'écrire par exemple au médecin : « Comme vous avez ordonné à X... de se procurer des liaisons immorales, je vous prie de m'expliquer les raisons qui vous ont autorisé à lui donner un

(1) *Loc. cit.*, p. 36.
(2) *Loc. cit.*, p. 220.

tel conseil. » Les médecins ont été souvent accusés à tort, sous bien des formes, de méfaits de ce genre et d'autres encore [1]. »

Quelqu'un s'étonnera peut-être que je n'aie pas ajouté toute l'importance qu'il mérite à un livre intitulé « *les lois fondamentales de la sociologie* » et dont l'auteur est médecin [2]. Je profite de cette occasion pour dire que ce livre m'est parfaitement connu, mais que j'ai rarement lu un ouvrage qui renferme une aussi riche collection d'erreurs et de contresens. Je laisse de côté la morale de ce livre, et ne m'attache qu'au côté purement médical. Dans ce qui va suivre, je vais réfuter les unes après les autres les idées émises dans cet ouvrage. Si on voulait faire une critique détaillée du livre en question, et relever toutes les erreurs qu'il contient, il faudrait plus de temps que n'en comportent mes leçons tout entières. Une grande partie des erreurs contenues dans ces pages proviennent de ce que la première édition de ce livre a été publiée en 1854, et que dans les éditions suivantes, on n'a pas tenu suffisamment compte des progrès de la médecine. Les autres opinions que l'auteur avance ne sont que des hypothèses fort problématiques ou des impressions personnelles sans fondement.

(1) *Loc. cit.*, p. 98-99.
(2) *Samhällslärans Grundrag*, etc. 2e édition. Stockholm, 1880

Je me permets d'ailleurs d'ouvrir ici une parenthèse. L'auteur ne se nomme pas; il garde l'anonyme parce qu'il craint de blesser un de ses parents! L'auteur a eu de plus la chance de trouver un traducteur anonyme et enfin une personne également inconnue qui déclare avoir revu l'édition suédoise et avoir trouvé la traduction excellente; cependant le critique anonyme aurait fait de nombreuses corrections surtout dans la partie médicale de l'ouvrage. Mais il y en a encore tant à faire que ce livre peut être considéré comme un modèle d'inexactitude.

Encore un mot à ce sujet. On sait que l'histoire de la littérature compte tel ou tel excellent ouvrage dont l'auteur est resté inconnu à son époque et à la postérité; mais l'histoire de la science ne connaît pas de faits de ce genre. Cette pléiade de personnes anonymes qui ont la prétention de s'ériger en savants et en réformateurs sociaux n'a droit ni à notre confiance ni même à notre attention. Un journal dont le rédacteur responsable aurait été acheté présenterait encore plus de garanties que les personnages obscurs dont nous parlions à l'instant. Le rédacteur d'un journal est toujours au moins connu, de sorte que le public peut lui reconnaître une certaine responsabilité morale.

Puisque j'ai donné précédemment un aperçu des

différentes opinions recueillies dans la littérature médicale sur la continence, qu'il me soit permis de présenter une objection à Styrbjorn Starke. Cet auteur pense qu'étant données les divergences si grandes dans les opinions des médecins, touchant notre sujet, « on pourrait bien laisser à l'avenir le soin de trancher la question ».

Je crois avoir démontré que, parmi les véritables médecins, les opinions sont univoques et que, par conséquent, il n'est pas nécessaire d'attendre la réponse de l'avenir. D'ailleurs, à part les principes fondamentaux des mathématiques et de la logique, je ne connais aucune doctrine qui ait été acceptée universellement. Dans le domaine de la médecine par exemple, l'homéopathie fleurit à côté de la médecine rationnelle ; ne trouve-t-on pas des médecins, instruits, adversaires de la vaccination ? Néanmoins, je pense que la science a marqué sa place d'une façon suffisamment précise, pour que tous ceux qui la cherchent puissent la trouver. Sans m'agenouiller devant le succès mondain, je crois que l'on a toute raison pour se ranger à l'avis de ceux de nos contemporains, ou des hommes qui nous ont précédé, chez lesquels on reconnaît la plus grande compétence en la matière ; on doit s'écarter du petit nombre de contradicteurs qui ne montrent qu'excentricité, ignorance et haine du progrès.

S. RIBBING.                                      6

L'ouvrage anonyme dont nous avons parlé, a découvert un nouveau genre de maladies : « les troubles de la continence ». Ce nom était jusqu'alors complètement inconnu en médecine. Pour l'homme, ces troubles consisteraient en un affaiblissement du pouvoir fécondant, spermatorrhée et hypocondrie. En ce qui concerne la femme, ces troubles se traduisent par l'hystérie, l'anémie et la dysménorrhée.

Plusieurs écrivains modernes sont tombés d'accord avec l'auteur de l'ouvrage précité, sur ce point : que la femme devrait être dégagée des liens des préjugés qui l'empêchent de jouir aussi librement que l'homme, des plaisirs sexuels. Nordau veut que « sa part naturelle à la vie sexuelle de l'humanité lui soit assurée ». George Brandès a pris également la défense des malheureuses femmes célibataires et déclare que « la vie austère, telle que la mène aujourd'hui l'immense majorité des femmes du monde, est un malheur, un état hors nature, un sacrifice qu'elles font à un jugement souvent sans valeur [1] ». Plus loin, on lit dans le même auteur : « si quelquefois les avantages spirituels sont achetés trop chers, au prix du sacrifice de la pureté et de l'innocence, de même la pureté véritable ou simplement son apparence, sont payées trop

(1) Tilskueren, II, p. 22.

cher, quand ces exigences amènent la consomption de l'individu et entraînent encore la sottise d'une stérilité constante, la tristesse et la mélancolie ».

Il est fort intéressant de remarquer que Brandès, en montrant les conséqueuces malheureuses du célibat féminin, insiste, d'une part, sur ses dévorants désirs et que, d'autre part, il traite si durement l'état borné de l'âme qui en résulte ! On pourrait lui demander si cette particularité de là femme est un si grand malheur, et s'il y a lieu de regretter qu'une femme, pour éviter tout blâme, achète à ce prix, non seulement la tranquillité de son âme et sa position sociale — ces choses n'ont pas grande valeur aux yeux de Brandès — mais encore une existence assurée bien que solitaire, sa paix et son repos. La femme qui se livre à un libertin frivole, n'acquiert par là, même quand elle a une belle position de fortune, aucun des avantages physiques et psychiques d'une femme légalement mariée.

### Maladies de la continence.

Étudions maintenant, de plus près, ces troubles attribués à la continence. En ce qui concerne les formes particulières sous lesquelles cette maladie se produit chez l'homme, c'est-à-dire l'impuissance, la spermatorrhée, l'hypocondrie, tous ces symptômes ne résultent jamais, ou du moins bien rarement, de la véritable continence. Ils sont, au contraire, souvent produits par des excès, des habitudes vicieuses ou l'hérédité.

Quant aux maladies de la femme, qui seraient consécutives à la chasteté, je puis déjà, sans parler de mon expérience personnelle, citer les opinions des célébrités scientifiques. Au sujet de l'hystérie, Kraft-Ebing dit :

« L'opinion généralement admise dans le public, que cette maladie est due à un manque d'exercice des fonctions génitales de la femme, cette opinion, dis-je, est absolument sans fondement. Si les vieilles filles vierges sont quelquefois hystériques, cela tient à des causes morales et non psychiques. Les femmes non mariées et qui remplacent le mariage par des occupations sérieuses auxquelles elles se donnent cœur et âme, comme par exemple, les sœurs de charité qui se dévouent aux malades et à l'enfance, ces femmes ne deviennent qu'exceptionnellement hystériques [1]. » Et à un autre endroit, cet auteur ajoute : « C'est une triste preuve de l'insuffisance des connaissances hygiéniques, que nous fournissent encore actuellement les médecins qui espèrent guérir les maladies nerveuses,

(1) *Ueber gesunde und kranke Nerven*, p. 123.

comme l'hystérie par exemple, par le mariage, et qui conseillent à leurs clients de se marier[1]. »

Le neurologiste américain Hammond émet à ce sujet l'opinion suivante : « A mon avis, la disposition plus marquée des femmes célibataires à l'hystérie, ne tient ni à ce que leur instinct génital n'est pas satisfait, ni à l'inactivité des organes génitaux ; cette névrose doit être attribuée bien plutôt à ce qu'il manqne un véritable but à ces femmes et qu'elles rapportent constamment toutes leurs réflexions, toutes leurs pensées, toutes leurs sensations à leur MOI ; cet état d'esprit est indissolublement lié au célibat de la femme. Les femmes non mariées, qui doivent subvenir elles-mêmes à leur entretien, ne sont pas plus prédisposées à l'hystérie que les femmes mariées[2]. »

Dans une monographie sur l'hystérie, le professeur Jolly écrit (cité ici sous forme d'extrait) : « Scanzoni a trouvé que, sur un grand nombre d'hystériques, 75 p. 100 avaient eu des enfants, 65 p. 100 en avaient eu plus de trois ; ces faits suffisent à réfuter l'opinion qui voudrait faire de cette maladie une « affectio virginum et viduarum ».

L'abstinence peut quelquefois conduire de jeunes

_________

(1) *Loc. cit.*, p. 80.
(2) *A treatise on the diseases of the nervous system*. 7e édition. Londres, 1882, p. 750.

veuves à l'hystérie, ou encore des femmes mariées avec des maris impuissants. Mais la surexcitation des organes génitaux doit être incriminée beaucoup plus souvent[1].

Quant à l'*anémie*, la science et l'expérience quotidienne nous enseignent qu'elle est en partie congénitale, qu'elle peut affecter les deux sexes à tous les âges, et de plus que ses rapports avec les fonctions génitales sont plus que problématiques. Enfin, cette affection trouve de nombreuses causes de développement dans la façon dont on comprend actuellement la vie intellectuelle.

Les troubles de la menstruation peuvent aussi bien s'observer chez les femmes mariées que chez celles qui ne le sont pas. Ils sont souvent associés à de l'anémie ou à des lésions de la matrice qui n'ont pas le moindre rapport avec le fonctionnement ou l'inactivité de cet organe.

Malgré tout ce que j'ai dit, je ne conteste pas qu'une femme mariée à un homme sain, raisonnable, sachant ménager son épouse, se porte mieux que lorsqu'elle était jeune fille et même qu'une femme du même âge, non mariée. Je reconnais encore que, d'après les statistiques, la mortalité est moins grande chez les femmes mariées

(1) *Handbuch der speciellen Pathologie und Therapie*. Edit. par H. von Ziemssen, XII, 2° édition. Leipzig, 1877, p. 503 et suiv.

ayant passé la première jeunesse, que chez les célibataires. Mais tout cela ne prouve ni qu'il existe des maladies produites par l'abstinence, ni que l'état physique et psychique de la femme serait amélioré, si cette dernière prenait part aux jouissances génitales, selon le précepte de Nordau et de Brandès, en s'affranchissant des préjugés actuels.

Laissons maintenant la femme de côté, pour revenir à l'homme. Le célibat n'a-t-il pas ses inconvénients et ses calamités pour un homme qui est parvenu à la maturité génitale ? je vais encore donner la parole à Acton :

« Deux opinions extrêmes ont été émises à ce sujet. Pour les uns, un jeune homme ne devrait pas avoir de commerce avec une femme ; d'ailleurs le besoin ne s'en ferait pas sentir, ou, du moins, ne serait pas impérieux. Il ne serait même pas nécessaire de mettre les jeunes gens en garde contre certaines relations, ni de leur prêcher la chasteté. D'autres pensent, au contraire, que les ennuis qui résultent de la chasteté sont si considérables, qu'ils justifient leur impureté, ou tout au moins l'excusent. Entre ces deux opinions extrêmes, on trouve tous les intermédiaires. A mon avis, pour un jeune homme qui a été élevé dès son enfance avec attention et dont l'âme n'a pas été souillée par des pensées impures, la pureté est un but facile à atteindre, sans qu'il soit pour cela besoin d'efforts surhumains. Chaque année d'abstinence volontaire lui rend, par la force de l'habitude, la chasteté moins dure. Mais il est cependant difficile de nier qu'un nombre respectable de jeunes gens plus ou moins continents, sont tourmentés, de temps à autres, par des troubles qui ne sont pas négligeables.

. . . . . . . . . . . . . . . . . .

« Les hommes à demi continents, ceux qui voient le droit chemin devant eux, qui l'approuvent, mais qui suivent le mauvais, ces hommes qui n'ont ni le cynisme des matérialistes endurcis, ni la force de l'homme qui reste chaste pour sa conscience, souffrent à la fois de ce qu'ils se refusent à eux-mêmes certains plaisirs et des remords que leur suscite l'idée de leur chute. Nombre de faits confirment ce que nous venons de dire, et ces exemples se trouvent aussi bien dans la jeunesse dont nous nous occupons plus particulièrement, que chez les hommes mûrs. L'expérience journalière nous amène des malades qui se plaignent que leur continence prolongée leur occasionne une telle surexcitation du système nerveux qu'il leur est complètement impossible de fixer leur attention sur un sujet quelconque. Leurs études deviendraient impossibles sous prétexte qu'ils ne peuvent rester assis tranquilles ; aussi les travaux qui doivent être faits assis sont-ils complètement interrompus par les pensées érotiques, qui viennent hanter notre malheureux patient.

« Quand j'entends des hommes formuler ces plaintes, je suis bien certain de l'aveu qu'ils vont me faire immédiatement après, aveu qui devra nous expliquer tous ces troubles. Je m'attends à ce que ces malades me disent que le remède qu'ils ont choisi eux-mêmes a été tout-puissant : les rapports sexuels ont permis à l'étudiant de reprendre immédiatement son travail ; le poète a senti de nouveau couler sa veine poétique ; les visions obscurcies du peintre s'éclairent plus puissantes et plus vives, alors que l'écrivain qui, pendant plusieurs jours, n'avait pas été capable d'écrire deux phrases de suite, s'étonne, après avoir vidé ses vésicules séminales, de créer les plus adorables chefs-d'œuvre !

« Chez les individus dont nous venons de parler, l'abstinence produit sûrement cette surexcitation. Mais aucun de ces symptômes, si manifeste qu'on le dise, n'autorise le médecin à prescrire le remède que le malade avait choisi, ni même à l'approuver tacitement.

« Je proteste de la façon la plus énergique contre le droit que s'arroge un médecin qui conseille un tel remède. Il est préférable pour un jeune homme de mener une vie pure. Ceux qui s'abstiennent de tout commerce avec les femmes ne souffrent que peu ou point de cette surexcitation, tandis que l'homme impur peut bien compter que dès qu'il se produira une pléthore séminale, il sera torturé par l'un ou l'autre des symptômes dont nous parlions plus haut. La satisfaction de ses instincts exige, pour devenir un moyen efficace, d'être répétée dès que de nouvelles sensations insolites se reproduisent.

« La vérité est que beaucoup d'excellents jeunes gens sont beaucoup trop heureux de trouver une excuse à leurs désirs, pour essayer de les régler et de les dominer. Je suis convaincu, pour ma part, que tous ces troubles génitaux sont fort exagérés, sinon inventés de toutes pièces, dans le but que nous savons[1].

« Si un jeune homme voulait endurer les plus graves inconvénients que puisse procurer la vie sexuelle, il n'aurait pas de plus court chemin pour arriver à son but que de prendre une maîtresse

(1) Il me paraît intéressant d'opposer à ce témoignage médical l'opinion de Geijerstam : « Savez-vous qu'un homme qui passe sa vie à remplir un tel devoir (c'est-à-dire l'abstinence continue) trouve à peine le temps et la possibilité de faire autre chose ? Toute sa force est dépensée dans cette lutte homérique de l'auto-castration ; ses plus belles années se perdent à livrer un dur com-bat dont l'influence paralysante, pour ne pas dire destructive, qu'il exerce sur ses facultés intellectuelles ne peut guère être soupçon-née que par celui qui en a été lui-même plus ou moins l'objet. Quand on connaît d'avance les suites défavorables qui résultent de cette pureté si obstinée, on devrait réfléchir à deux fois avant d'accepter d'être le juge d'un tel différend ». Stridsfragar, p. 53-54.

dans l'intention de redevenir continent, quand une
fois il aurait passé sa première fougue.

« La difficulté de rompre avec une habitude qui
s'enracine si rapidement dans chaque fibre de l'organisme humain est si grande que l'on peut dire à
tout jeune homme qui entre dans la voie du vice :
« Tu t'aventures dans un chemin où tu ne pourras
« jamais revenir sur tes pas [1]. »

Les troubles purement physiques qui accompa-
gnent la continence, aussi bien chez le jeune homme
que chez l'homme marié ou le veuf, ne sont marqués chez les individus sains que par une sensation
de pléthore sanguine, de tension, de légère pres-
sion, etc..., et ces troubles ne seraient pas si gênants
s'ils n'étaient exagérés chez les jeunes gens, si
leur imagination n'était excitée à un degré extraordinaire par des livres, des images et des caricatures
érotiques.

Depuis que je m'occupe publiquement de ces
choses, j'ai reçu de nombreuses confidences sur ce
sujet, de la part d'étudiants sains de corps et d'esprit; ceux-ci m'ont reproché de n'avoir pas assez
insisté sur la facilité avec laquelle les désirs des
sens pouvaient être réglés et dominés. Pendant
mes vingt années de pratique médicale, j'ai eu l'oc-

(1) *Loc. cit.*, p. 17 et suivantes.

casion de voir ou de traiter beaucoup de personnes
au point de vue génital, surtout beaucoup de
jeunes gens appartenant à toutes les classes de
la société; j'ai eu l'occasion de recueillir les opinions les plus diverses, de causer avec des hommes
dont les uns avaient un passé irréprochable et dont
les autres avaient eu une jeunesse impure; mais
je n'en ai jamais rencontré un seul qui, étant admise la bonne volonté du sujet, ait déclaré impossible la domination absolue de ses sens.

**Influence de la littérature sur les mœurs. — Exemples.**

J'ai déjà dit que les désirs sexuels pouvaient
être éveillés par la lecture de bien des livres, et
c'est ce qui arrive très souvent. Avant de vous
rendre compte de mes opinions personnelles, je
vais déjà vous citer celle d'un Français. Je vous
prie de remarquer tout d'abord que cet auteur n'est
ni un clérical ni un moraliste austère; il s'appelle
Charles Mauriac; il est syphilographe et auteur
d'un article dans lequel il conseille aux onanistes
de se guérir par le commerce avec les femmes. Cet
auteur s'exprime ainsi :

« Pendant le XVIII<sup>e</sup> siècle, la préoccupation de
toutes les choses de l'amour, envisagé surtout
sous son côté physique, s'empara vivement des
esprits. La hardiesse de la pensée et la liberté du

langage la traduisirent sous les formes les plus variées. Elle n'était du reste que le reflet et l'expression de mœurs plus dépravées qu'elles le furent à aucune autre époque. Dans cette corruption qui s'empara de toutes les classes de la société, le tempérament eut sans doute une large part, quoiqu'il semble avoir été moins impétueux, moins primesautier qu'au xvi<sup>e</sup> siècle et au temps des empereurs romains. Mais si la débauche ne fut ni aussi grandiose ni aussi monstrueuse, elle devint plus raisonnée et pour ainsi dire plus philosophique. On n'était pas pour rien dans le siècle de l'*Encyclopédie* et de la vulgarisation. Le vice ne se donnait plus la peine de se cacher ; il s'étalait alors au grand jour, comme pour se venger de l'hypocrisie forcée à laquelle il avait été condamné dans les dernières années de Louis XIV. On eût dit en outre qu'il avait besoin de s'expliquer lui-même et de tenir école. N'est-ce pas là ce qui le caractérise et ne faut-il pas attribuer à cette sorte de pédantisme cynique, dont on retrouve une teinte plus ou moins prononcée, même chez les plus grands écrivains, l'éclosion d'une littérature immonde où les désordres et les aberrations des sens furent décrits et comme enseignés avec un mélange de frénésie et de méthode rationnelle dont on n'avait pas eu d'exemple jusqu'alors. Ces étranges obscénités qui se débitaient presque ouvertement en France et à l'étranger étaient écrites en français. C'était la langue la plus répandue et qui s'y prêtait le mieux. Ces écrits inondèrent l'Europe et le monde. Il n'en existe aujourd'hui que de rares exemplaires. Sortis de la corruption, ils la formulèrent sous tous ses modes, même les plus abjects, et ils la propagèrent avec toute la fougue du prosélytisme. Les débordements du xviiie siècle donnèrent naissance à une littérature médicale et scientifique, destinée à les combattre et accessible à tous les lecteurs qu'elle avait la prétention de moraliser[1]. »

Il me semble que ce jugement porté sur la littérature du xviiie siècle pourrait s'appliquer en grande partie à celle qui — j'espère — avec un moindre succès, a essayé de se faire jour dans ces dix dernières années.

Les opinions que j'ai émises sur la littérature moderne m'ont valu des objections venues de différents côtés, et dont quelques-unes m'ont été faites par correspondance privée. Je me suis peut-être un peu trop rapidement exprimé dans les pages que l'on vient de lire ; je tiens maintenant à m'expliquer plus longuement. Je sais parfaitement que d'autres temps ont fait naître une littérature autre aussi

(1) *Nouveau Dictionnaire de médecine et de chirurgie*, t. XXIV, p. 494.

pour charmer leurs loisirs. Ceux de mes contemporains qui brûlaient d'empoisonner leur jeunesse, se servaient à cet effet, pendant leur vie de collège ou d'étudiant, de Boccace, de Cazanova, de Faublas, de Paul de Kock, etc... On n'a plus besoin, aujourd'hui, de mettre la jeunesse studieuse en garde contre ces auteurs; leurs ouvrages ne sont demandés dans les bibliothèques publiques que par des lecteurs plus âgés. Les étudiants suivent le courant de leur époque et lisent Zola, Strindberg, Krohg, Garborg, etc...

Si néfaste que soit l'influence des premiers auteurs, je considère celle des seconds comme plus dangereuse encore. Ce n'est pas tant par eux-mêmes qu'ils sont redoutables, mais plutôt parce qu'ils ont pu conquérir une grande partie de la critique littéraire dans la presse périodique, de sorte que leurs œuvres et leurs idées sur le monde sont prônées comme des merveilles dignes d'être imitées.

Du temps de ma jeunesse, jamais on ne lisait de semblables éloges des auteurs que je cite plus haut. La presse se faisait au contraire un devoir de les juger sévèrement quand elle en trouvait l'occasion. Quand aujourd'hui l'on se permet seulement d'effleurer les œuvres de ces auteurs, on soulève immédiatement, de la part de ces derniers, une tempête qui se traduit par de véhémentes récriminations.

G. de Geijerstam cherche à prendre sous sa protection la branche suédoise de cette littérature « qui a réveillé les sens » ; il veut que la connaissance des choses soit la première condition du progrès, que celui-ci soit à réaliser en morale ou ailleurs [1].

Oscar Levertin descend dans l'arène comme représentant du genre moderne français et déclare que *Nana* de Zola, la *Fille Elisa* des frères Goncourt, et *Bel Ami* de Maupassant sont des chefs-d'œuvre qui palpitent d'un réalisme si vivant, qui brûlent d'une chaleur si ardente qu'ils ont atteint la plus haute perfection à laquelle l'art puisse prétendre. Selon Levertin, un lecteur capable de porter un jugement sain ne peut même pas songer « que ces ouvrages se soient permis quelqu'atteinte à la morale » [2].

Je ne prétends pas qu'aucun de ces auteurs ait écrit son ouvrage avec l'intention directe de soutenir le vice, mais il faut qu'ils connaissent assurément bien peu les hommes pour ne pas reconnaître que des livres peuvent devenir pour la jeunesse des causes de dépravation. Je laisse maintenant à d'autres le soin de juger si Zola doit être dégagé de

(1) Comparez *Hvad vill Lektör Personne ?*
(2) 1886. *Revy literära och sociala fragor*, p. 151.

toute responsabilité et si son éditeur seul doit être blâmé quand sa *Nana* a été ornée d'illustrations destinées à une édition populaire.

Levertin ajoute plus loin « qu'un homme qui se scandalise devant l'*Ungdom* de Garborg ou le *Ett dockhem* de Strindberg est ou un pharisien ou un être bien à plaindre ». Quant à moi, je dois avouer que ces deux ouvrages me sont profondément antipathiques, et cela parce qu'ils sont faux, parce qu'ils approuvent bassement la force brutale et le crime, enfin parce qu'ils sont avilissants dans leur ensemble. Quelle que soit la catégorie de lecteurs hypocrites dans laquelle M. Levertin me range, son jugement m'est parfaitement indifférent.

On sait jusqu'où ont été certains auteurs parmi ceux que nous citions tout à l'heure. Quelques-uns ont été si loin que leurs adeptes eux-mêmes ont été forcés de les abandonner en route ; c'est, on le sait, ce qui est arrivé à Strindberg. Pour se faire une juste idée de Garborg, il suffira, je pense, d'une courte citation :

« Tonnerre ! une si belle fille ! elle n'a pas plus de seize ans — parole d'honneur ! si je pouvais l'épouser, je n'aurais plus tant d'écœurements à cause de mon ami Sullich... Hum ! si j'essayais ! je pourrais frustrer la fabrique et faire augmenter mon salaire, car il faut se présenter huppé... Pourvu que Rasmus ne s'y soit pas déjà abonné. Il est si tartufe, le cochon ; je n'ai pas deux liards de confiance en lui... Enfin, je crois que je vais me risquer tout de même... seize ans !- si j'ai de la chance, elle est peut-être encore vierge [1] ! »

Laissez-moi vous citer encore quelques mots d'un autre auteur considéré comme appartenant à l'école des « jeunes suédois ». Ces paroles vous édifieront, j'en suis convaincu, sur l'esprit qui domine dans ses ouvrages. Je relève dans Ola Hansson les passages suivants :

« Je n'ai plus désormais d'autre but que d'étudier l'amour des sens et d'en jouir [2]. »

« J'ai fait de cette étude et de ces jouissances un art délicieux, et tous mes vœux, tous mes efforts dans cette vie ne tendront plus qu'à le cultiver jusqu'à la perfection [3]. Je le couche sur ma table d'autopsie et le dissèque par la pensée [4]. »

« A quoi bon essayer d'établir un diapason normal pour nous guider dans la conduite de la vie, puisque nous sommes fatalement poussés et dominés par des forces inconnues ; puisqu'en somme nous ne connaissons des secrets de notre vie sexuelle que

(1) *Ungdom, berättelser, öfvers af G. de Geijerstam.* Stockh. 1885, p. 204-205.
(2) *Sensitiva amorosa,* Helsingborg 1887, p. 3.
(3) *Loc. cit.,* p. 4.
(4) *Loc. cit.,* p. 10.

les graines et les bourgeons qui germent et poussent autour de nous[1]... »

« Ainsi, je me suis marié avec elle sans l'aimer davantage en réalité que j'aurais pu aimer toute autre femme rencontrée sur mon chemin. Je l'ai épousée simplement parce que j'ai trouvé sa résignation si touchante qu'il eût été dommage de ne pas y répondre. D'ailleurs j'étais blasé de mes liaisons de garçon[2]. »

« J'ai eu commerce avec des femmes de toute sorte, — la plupart faciles à acheter ; — dans quelques cas nos rapports ne furent commandés que par inclination pure ; mais le but et le résultat furent toujours les mêmes : quand j'étais arrivé à ce que je voulais, tout était fini, — un caprice, un acte brutal, puis un abattement, en général un sentiment de dégoût ; dans les cas les plus heureux un souvenir mélancolique — et voilà tout[3]. »

Je crois que dans les passages que nous venons de citer, Ola Hansson s'est exprimé assez clairement pour que nous n'ayons besoin ni d'explications ni de commentaires. Je me contente de faire remarquer que ce vieux précepte, vrai au point de vue physiologique « de ne pas se contenter de regarder

(1) *Loc. cit.*, p. 25.
(2) *Loc. cit.*, p. 29.
(3) *Loc. cit.*, p. 100.

une femme pour la convoiter » n'est pas seulement ignoré de l'auteur ou de ses héros, mais que celui-ci propose précisément le contraire, comme ligne de conduite. Je demande sincèrement aux parents et aux pédagogues, si un tel individu a encore le droit de s'agiter librement au sein de la société, et s'il ne vaudrait pas mieux pour lui et pour l'humanité qu'il fût interné dans une maison de santé ou de convalescence. Quand, par hasard, un journal suédois s'est permis de dire franchement sa façon de penser, et d'assigner à la *Sensitiva amorosa* la place qui lui convient, on a vu immédiatement accourir les tristes prosélytes de l'auteur, M. Georges Brandès en tête, et lui prodiguer leur admiration dans un style emphatique ; puis c'est Stella Kleve qui déclare cet ouvrage un « livre si profondément empreint d'une pudeur presque ascétique... je devrais dire animé par une conception éthérée du plus pur amour, etc... » [1].

Dans une réclame faite par l'éditeur, dans le *Stockholms Dagblad*, on lit encore un extrait d'un article de la *Neue freie Presse* dans lequel il est dit que « le fond de cet ouvrage était la chasteté, une pureté d'une délicatesse presque maladive » (??).

(1) *Skanska. Aftonbladet*, 2 déc. 1887.
(2) Comparez Geijerstam, *Hvad will lektor Personne ?* p. 21.

On doit bien penser que des personnes sensées ne se laisseront pas jeter de la poudre aux yeux et aveugler à ce point. Mais à ce genre de lecture, la jeunesse inexpérimentée peut d'abord se troubler puis devenir la proie du séducteur.

On entend dire quelquefois par telle ou telle personne que la littérature n'a en réalité aucune influence, qu'elle ne produit pas les mœurs, mais que c'est le contraire qui a eu lieu ; il me semble que c'est singulièrement rabaisser l'importance du plus puissant instrument du bien ou du mal.

Tous les médecins expérimentés ne connaissent que trop bien l'influence de la littérature précisément dans la question qui nous occupe. D'après mon expérience personnelle, je puis affirmer que chaque ouvrage de ce genre qui attire particulièrement l'attention du lecteur, comme par exemple *Samhallslärans Grunddrag* ou *Giftas* amènera au médecin un nombre plus ou moins considérable de jeunes gens qui lui tiendront à peu près ce langage : « Monsieur le docteur, je me suis efforcé jusqu'à présent d'avoir une vie chaste (ou bien : selon votre conseil, j'ai cessé depuis telle ou telle époque tous rapports sexuels), mais je lis maintenant que ce genre de vie est nuisible, très nuisible à ma santé, et le fait est que quand je m'examine attentivement je sens que... » Dans ces cas-là, malade et médecin sont souvent obligés de remonter ensemble le dur sentier de la persuasion et de la déshabitude, ce qui eût été complètement inutile si un ouvrage de ce genre n'avait séduit ce jeune homme ou provoqué une récidive.

L'influence de la littérature a été qualifiée en ces termes par Beale : « De tous les maux contre lesquels le Bien ait à lutter pour étendre son influence, la littérature immorale est le plus grand et le plus difficile à terrasser. Il n'est pas de classe de la société, de vocation, de profession qui n'ait été débordée sous une forme quelconque par une presse corruptrice. La jeunesse elle-même n'est pas épargnée. Il n'est que trop évident qu'un mauvais livre peut anéantir ou rendre infructueux le patient et minutieux labeur de beaucoup d'hommes sensés[1]. »

Le même auteur propose de soumettre, en ce qui concerne leur moralité, les ouvrages littéraires à une demi-douzaine de censeurs qui joueraient le même rôle que ceux qui existent actuellement pour le théâtre et qui interdisent les pièces portant atteinte à la moralité[2]. Il est vrai que l'auteur lui-même n'a pas grande confiance en la possibilité d'un tel tribunal ; étant donnée la génération

(1) *Loc. cit.*, p. 24.
(2) *Loc. cit.*, p. 87.

actuelle, je crois qu'il a parfaitement raison. C'est donc avec d'autant plus de joie que l'on applaudit aux paroles qui suivent : « Nous craignons qu'il soit aussi impossible d'arrêter ce courant néfaste par une opposition directe, que d'assigner une limite aux vagues impétueuses de l'océan ou d'arrêter les glaciers dans leur course éternelle. Il est à craindre que le seul moyen par lequel on puisse arriver à vaincre l'ennemi, doit être cherché dans un lent processus par lequel l'activité et l'ardeur des hommes changeront de direction pour satisfaire d'autres désirs. Grâce à cette évolution, la question relative à la littérature immorale et corruptrice se trouverait limitée et tranchée d'elle-même; les auteurs d'argent et les éditeurs sans conscience ne se trouveraient plus suffisamment rétribués pour la peine qu'ils se donnent de salir le monde de leurs ordures. Je ne crois pas qu'il faille compter sur l'aide de la loi, de l'Église ou de l'État; en pratique ces autorités sont désarmées. Les hommes demandent à satisfaire leurs goûts, et tant que ces derniers n'auront pas changé, il faudra tenir compte de leurs exigences[1].

Que personne d'entre vous ne s'imagine, messieurs, que celui qui rompt une lance en faveur de

(1) *Loc. cit.*, p. 85.

l'hygiène sexuelle et de la morale concentre ses attaques uniquement contre la littérature contemporaine. Il ne sait que trop bien qu'il existe d'autres agents non moins puissants d'excitation et de corruption ; par exemple les opérettes lascives et tous les genres de cafés-concerts, etc... Des voix autorisées se sont déjà élevées contre ces plaisirs, mais elles ont été couvertes par les applaudissements de ceux qui les protègent. La presse périodique semble déjà avoir capitulé devant eux et les avoir approuvés, ou du moins avoir reconnu qu'ils font inévitablement partie de la vie des grandes villes. Celui qui s'élève contre ces représentations passe pour un hypocrite ou un rigoriste intraitable. Si G. de Geijerstam et son école voulaient s'unir à nous dans le but d'effacer ces hontes, nous ne leur ménagerions pas nos encouragements dans cette circonstance [1].

Encore un mot sur la propagation des illustrations impudiques. Je vous affirme qu'un médecin ressent une pénible impression quand, en entrant dans la chambre d'un étudiant ou d'un jeune homme quelconque, il voit ses murs et son bureau couverts de dessins représentant des femmes plus ou moins nues. Je ne parle naturellement pas de

[1] Comparez *Hvad will lektor Personne?* p. 20.

la Vénus de Milo ni du « Perce-Neige » d'Hasselberg, mais du portrait de M^{lles} X ou Y, de telle ou telle écuyère ou chanteuse de café-concert photographiées, habillées ou nues, dans les poses les plus légères. Enfin, si l'on ajoute à tout cela toutes ces images obscènes dessinées sur des étuis à cigares ou livrées sous forme de breloques, de cannes ou de mille autres articles, ainsi que celles qui sont publiées dans les journaux, on verra que le vice met bien des moyens en œuvre pour arriver à ses fins. Je ne puis comprendre pourquoi tant de gens sont tout disposés à gaspiller leur argent pour de telles futilités, pour des tableaux de femmes nues, alors qu'ils peuvent s'offrir à loisir ce spectacle dans toutes les salles d'anatomie.

### Influences immorales autres que la littérature.

Laissons maintenant de côté la littérature et l'illustration, pour nous occuper d'un autre corrupteur aussi important : je veux parler de l'alcoolisme. Il lui incombe une très grande responsabilité dans l'esclavage de la jeunesse, touchant les rapports sexuels illégitimes. Je ne saurais préciser dans quelles proportions il a été cause de chutes morales, mais je sais qu'il n'est pas rare d'entendre dire à des jeunes gens que l'on interroge : « J'étais naturellement un peu parti... » Dans l'ivresse et par l'alcoolisme en général, on s'habitue à faire certaines choses que l'on ne se serait jamais permises autrement; et une fois que l'on a passé par-dessus les convenances traditionnelles, surmonté une première fois la honte et étouffé les remords, on garde les mauvaises habitudes en s'efforçant de s'imaginer qu'après tout il y a là un besoin nécessaire. Le nombre des jeunes gens qui se sont jetés de sang-froid dans les bras de la prostitution, ayant les idées nettes, et conscients de ce qu'ils faisaient, est bien minime comparativement à celui des jeunes gens qui s'y laissent entraîner dans l'ivresse. Un médecin militaire anglais a démontré par des statistiques précises que, dans une troupe, les maladies vénériennes étaient bien moins fréquentes chez les soldats sobres que chez les buveurs [1].

Dans ce qui précède, j'ai donné plusieurs preuves et cité des exemples qui montrent que l'abstinence chez l'homme est parfaitement possible et qu'on l'observe non seulement pendant la vie de garçon, mais qu'un homme marié peut se voir obligé pour telle ou telle raison d'accorder un long repos à sa femme. Ces considérations nous amènent tout natu-

(1) Parkes. *Manual of practical hygiene.* Publié par F. de Chaumont, Londres 1878, p. 502.

rellement à parler des fiançailles et d'examiner cette question sous le rapport de l'hygiène sexuelle.

### Les fiançailles.

On a déjà tant parlé sur les fiançailles, que ce sujet devrait être considéré comme épuisé si l'on n'avait aussi envisagé le point de vue qui m'occupe particulièrement ; or il faut reconnaître qu'on n'y a eu égard que bien rarement.

Laissez-moi vous dire tout d'abord que les fiançailles telles que les pratiquent les peuples germains ont fait de tout temps l'étonnement des moralistes des peuples latins, et qu'elles ont une influence considérable sur le bonheur du mariage futur. Qu'elles aient été considérées comme une promesse formelle de mariage ou simplement comme une épreuve qui permette aux fiancés de juger de leurs penchants, de leurs qualités, de leurs idées réciproques, il est incontestable qu'elles ont fait beaucoup de bien. Si nous comparons ce qui se passe ici avec ce qui a lieu dans le mariage, nous voyons tout d'abord qu'un jeune homme, à moins d'être tombé dans le cynisme le plus noir, chasse de son esprit toute pensée charnelle, la première fois qu'il s'intéresse à une jeune fille et plus tard quand il se fiance. Dans le cours des fiançailles, alors que le fiancé jouit des droits que lui accordent nos mœurs et nos usages, et dans l'espoir qu'à un moment donné l'objet de ses vœux lui appartiendra, il arrive bien à l'homme de penser à la couche nuptiale et aux joies qu'il en attend, mais ce sentiment paraît si naturel qu'on ne saurait l'en blâmer. La vie génitale de la jeune fille évolue moins rapidement en ce sens. Cependant elle s'habitue au contact continuel de son fiancé, à ses privilèges intimes, de sorte qu'au moment du mariage elle ne le considère plus comme un étranger qui doit prendre par force possession de son être. Mais un mariage conclu dans ces conditions peut très souvent mal tourner; c'est ce que les moralistes et les romanciers français ont mis en lumière sous mille formes diverses. Par conséquent les avantages des fiançailles ne sauraient être trop mis en relief, à condition toutefois qu'elles ne durent pas trop longtemps. Il est naturellement impossible de leur assigner en années et en mois une limite précise. Cette durée varie avec les diverses circonstances, telles que l'âge des contractants, leurs goûts, leur éducation, leurs occupations, leurs domiciles, selon qu'ils habitent près ou loin l'un de l'autre, etc. D'une façon générale, on peut dire que les fiançailles qui se prolongent au delà de cinq ans, à moins de circonstances tout à fait exceptionnelles, ne sont pas à conseiller;

elles sont la plupart du temps sans avantages [1].

Dans certaines circonstances, des fiançailles *secrètes* peuvent avoir certaine utilité pour les deux partis. J'entends par là les pourparlers qui ont lieu avec l'assentiment des parents et en vertu desquels deux jeunes gens doivent se fiancer officiellement au bout d'un certain temps. Les engagements de ce genre ont, pour un jeune homme, l'avantage de lui permettre d'exprimer ses sentiments à sa fiancée, d'attendre sa réponse, et de s'assurer que, s'il a réellement l'intention de se fonder un foyer avec la jeune fille qu'il aime, aucun autre ne lui barrera la route. D'ailleurs les fiançailles secrètes font assurément avancer les choses beaucoup plus activement que des fiançailles officielles précoces, avec leurs visites et les devoirs de famille qui font perdre tant de temps. En ce qui concerne la manière de vivre du fiancé, celui-ci s'abstient, dans l'immense majorité des cas, de toute liaison illégitime. Je ne saurais donc confirmer ces paroles de Wicksell « que si une union de ce genre empêche un jeune homme de satisfaire ailleurs les désirs que lui suscite sa fiancée et que les « convenances » lui interdisent de satisfaire avec elle, cette défense, si toutefois elle existe, n'est que très relative [2] ».

(1) Comparez Actón. *Loc. cit.*, p, 198.
(2) Knut Wicksell. *Om prostitutionen*. Stockh. 1887, p. 53.

Je causais dernièrement sur ce sujet avec un de mes collègues plus pessimiste que moi ; il n'avait en vue dans sa conversation que les hommes qui avaient eu des liaisons avant leurs fiançailles ; il déclara que ceux qui avaient échappé à la syphilis s'abstenaient, pendant leurs fiançailles, de tout rapport sexuel, pour éviter de contracter cette maladie et de l'importer au foyer domestique. Quant à ceux qui ont été frappés de ce terrible fléau, notre collègue pense qu'ils continuent souvent leur manière de vivre. Il y a beaucoup de vrai dans cette façon de penser, bien que cette opinion ait été émise d'une façon trop générale, mais je me fais une joie de constater qu'elle reconnaît elle-même que la domination de l'instinct génital dépend beaucoup plus qu'on ne le croit de la volonté de l'homme.

### Moyens préventifs. — Examen critique de ces moyens.

Par les rapports sexuels, de nouveaux individus sont procréés. Ces derniers concourent à accroître le genre humain et à peupler la terre. Le nombre et la rapidité de cet accroissement ont effrayé bien des observateurs réfléchis. Ils ont craint que les hommes devinssent si nombreux sur la terre que celle-ci ne suffît plus à les nourrir, et qu'ainsi un plus ou moins grand nombre d'êtres humains fussent condamnés à mourir de faim.

Il y a environ un siècle, un auteur célèbre, le prêtre Malthus, donna à ces craintes une forme scientifique et soutint avec une âpre énergie que le genre humain avait tendance à s'accroître beaucoup plus que ses moyens d'existence. En dehors des causes ordinaires qui ont pour effet d'empêcher la multiplication des êtres humains, cet auteur voulait inculquer à tout individu des principes qui le conduisissent au même résultat; et ces préceptes étaient : les mariages tardifs et l'abstinence. Plus tard il se fonda une école, composée surtout d'économistes, qui partagea les craintes de Malthus au sujet du repeuplement de la terre. Ces néomalthusiens reconnurent cependant que l'incontinence absolue et les mariages tardifs étaient des conditions par trop difficiles à remplir. Ils furent d'avis que les rapports sexuels devaient être encouragés à tout âge, sous leur forme légale, mais qu'il était cependant nécessaire de mettre un frein à l'accroissement du genre humain, par l'emploi de moyens préventifs. Sous ce rapport, les néomalthusiens s'accordent avec ceux qui prétendent, par exemple, que le mariage devrait être plus répandu encore qu'il ne l'a été jusqu'à présent. Les partisans des rapports sexuels illimités déclarent encore avec un certain contentement que les moyens préventifs promettent de les débarrasser des conséquences plus ou moins gênantes de la satisfaction de leurs instincts.

En se plaçant à l'un ou l'autre de ces points de vue, des hommes et des femmes se sont efforcés depuis quelques années de vulgariser par des ouvrages populaires les moyens préventifs. A ce groupe d'écrivains appartiennent par exemple Charles Bradlaugh, le membre bien connu du parlement anglais, Annie Besant, la pastoresse bien connue et si chaudement recommandée par M^me A. C. Leffler dans les salons de lecture scandinaves, Knut Wicksell, licencié en philosophie, qui, par une quantité de petites brochures et de conférences, a essayé de propager ses idées. Nous devons encore y ajouter l'auteur du livre précédemment cité (*Samhäslärans grunddrag*) ainsi qu'un écrivain suédois qui a pris tellement soin de garder l'anonyme qu'il paraît s'être donné un titre[1] usurpé, sur son ouvrage ; enfin un auteur anglais, Arthur Albutt, qui a fait traduire et imprimer à Londres son livre par une personne compétente en la matière. Cet ouvrage, sous le titre de *Manuel de la femme mariée*, passe en revue les

(1) *Försigtighetsmatt i äktenskapet af en läkare; med frorp af Knut Wicksell.* 3^e édition, Stockholm 1866.

différents moyens préventifs et les recommande aux femmes mariées; mais l'auteur a la naïveté de déclarer qu'il n'a écrit son livre que pour ces dernières et non pour les filles de mauvaises mœurs[1].

Dans l'exposé des moyens préventifs, nous suivrons le plan du dernier ouvrage dont nous venons de parler, d'autant plus qu'il déclare que les procédés indiqués dans les « *Grundzüge der gesellschaftslehre* » et dans les « *Gesetze für die Volksvermehrung* » sont très écourtés et un peu vieux.

Le premier des moyens préventifs serait une abstention périodique des rapports sexuels. Quelques auteurs prétendent, en effet, qu'entre deux menstruations, il existe une période pendant laquelle une femme ne peut pas concevoir : le coït à cette époque serait donc toujours sans résultat. Des auteurs plus ou moins moraux ont déclaré qu'un tel moyen était plus naturel, moins répugnant que d'autres. Mais le malheur est que ce précepte repose sur une erreur d'observation. L'immense majorité des femmes peuvent concevoir pendant toute la

(1) Dans ce livre sont indiqués toute espèce de moyens mécaniques et pharmaceutiques commentés dans un chapitre intitulé : « article malthusien ». Nous ne saurions trop faire remarquer que ce nom respectable se trouve ainsi mêlé à des procédés qu'à son époque, celui qui portait ce nom eût assurément condamnés.

durée de la période inter-menstruelle; aussi a-t-on recommandé le *coït interrompu*. Avant l'éjaculation l'homme devrait se retirer pour éviter que du sperme ne pénétrât dans les organes génitaux de la femme. Pour ne pas échouer, ce procédé exige que l'homme ne s'attarde pas trop longtemps et qu'il n'introduise pas des spermatozoïdes provenant d'une éjaculation antérieure, c'est-à-dire que les coïts ne se succèdent pas trop rapidement. La nature a voulu que sur les milliards de spermatozoïdes éjaculés il en suffît d'un seul qui atteignît l'ovule, pour qu'il y eût fécondation.

On a encore proposé un autre procédé qui consiste en ce qu'immédiament après l'acte génital, la femme se lève et prenne une injection vaginale qui chasserait le sperme et annihilerait l'activité des spermatozoïdes. Ce conseil est déjà insuffisant pour la raison suivante que, pendant le coït même, un certain nombre de spermatozoïdes peuvent pénétrer assez profondément pour qu'un lavage ne puisse plus les chasser; d'ailleurs le système nerveux de la femme peut être tellement attaqué par l'acte génital qu'il lui soit tout à fait impossible de suivre l'indication que nous indiquions à l'instant.

On a encore essayé l'emploi de sortes de pessaires, c'est-à-dire de grosses pilules contenant un sel de quinine, introduits dans le vagin. Ces produits devraient fondre par la chaleur du corps, et les spermatozoïdes être tués par la quinine. Pour être efficaces, ces pilules ou boulettes devraient avoir une consistance exactement adaptée aux individus ; sans cela il pourrait arriver qu'elles ne fondissent pas au moment voulu. De plus il faudrait les introduire assez soigneusement pour qu'elles ne pussent ni glisser ni sortir pendant les rapports ; or toutes ces conditions ne sont pas bien faciles à réaliser.

On se sert également de capotes, c'est-à-dire d'enveloppes de peau qui entourent la verge — mais personne ne peut répondre qu'elles ne se déchireront pas. — On a préconisé encore de petites éponges introduites dans le vagin, pour protéger l'orifice du col. Ce dernier moyen que l'auteur en question considère comme le plus fidèle, a pourtant fait faute assez souvent, parce que l'éponge avait été mal appliquée ou déplacée pendant le coït.

Finalement, le gynécologue Mensinga de Flensburg a construit un pessaire occlusif, un anneau élastique sur lequel était tendue une fine membrane, qui devait fermer l'orifice du col ; cet appareil offre l'avantage de pouvoir rester plus longtemps en place [1].

(1) *De la Stérilité facultative* de C. Hasse.
Je tiens à insister sur ce fait, que le D^r Mensinga a cru devoir, quand il a traité cette question, inscrire sur son ouvrage le pseudonyme indiqué ci-dessus.

Je laisse aux hommes compétents le soin de juger
les moyens préventifs au point de vue social, économique et moral; je ne m'occupe exclusivement
que du côté médical et hygiénique. Les objections
que je leur oppose sont de deux ordres : ils sont
infidèles; ils sont malsains. Ils sont insuffisants
parce que la nature, lorsqu'elle lia indissolublement
la vie des individus à un instinct sexuel si puissant,
donna aux processus qui doivent engendrer la
fécondation une force exceptionnellement grande,
bien que dissimulée. Dans bien des cas de malformations ou d'affections des organes génitaux de la
femme, le médecin est étonné de voir par quelles
voies extraordinaires les spermatozoïdes atteignent
leur but : la fécondation de l'ovule. Il semble vraiment qu'ils soient doués de la faculté de penser et
de raisonner; on les voit pénétrer à travers les
canaux les plus tortueux et en suivant parfois les
chemins les plus extraordinaires. Souvent, hélas !
ces prodiges n'aboutissent qu'à une grossesse qui
met la mère en danger de mort ou qui même la tue.

Il n'est pas de médecin qui ne puisse citer des
cas tirés de son expérience personnelle, dans lesquels des moyens préventifs que les malades avaient
employés de leur propre initiative ou lus dans des
livres, ont été inefficaces; la statistique de la prostitution de différentes villes européennes conduit

d'ailleurs au même résultat. Bien que les rapports sexuels des filles prostituées avec un si grand nombre d'individus soient défavorables à la fécondation, malgré l'influence abortive de la syphilis, et bien que les moyens préventifs soient employés d'une façon aussi fréquente qu'inconsidérée, on voit tous les ans un certain nombre de filles publiques devenir enceintes.

De plus, ces procédés sont malsains, d'abord parce qu'ils entravent des fonctions naturelles, et que leur choix est fait brutalement et sans discernement ; ensuite — et ce n'est pas la raison la moins importante — parce que leur emploi dispense les femmes de jouir des périodes de repos naturel que commandent la grossesse, l'accouchement et l'allaitement[1].

Il n'est pas rare non plus que ces moyens préventifs provoquent des troubles des organes génitaux de la femme, comme l'a prouvé le gynécologue américain Gaillard Thomas dans son ouvrage[2].

(1) Comparez les communications des membres de la Société des médecins suédois dans son compte rendu 1882, p. 77-78.

(2) « Les procédés mis en usage pour atteindre le premier de ces buts amènent souvent des désordres utérins. On ne s'en étonnera pas si l'on considère la brutalité de quelques-uns d'entre eux. Les opérations de la nature en elle, comme dans tous les autres processus physiologiques, sont parfaites, trop soigneusement et délicatement déterminées pour n'être pas essentiellement perturbées par les moyens grossiers qu'on emploie dans le but de les déjouer. » Gaillard Thomas, *Traité clinique des maladies des femmes*. Traduction française de Lutaud, page 30.

Un spécialiste d'une nation voisine m'a dit qu'il voyait fréquemment des Suédoises atteintes de maladies causées par ces moyens préventifs. Il en conclut que ces procédés et leurs mobiles doivent être très fréquents en Suède.

Les écrivains qui s'occupent d'économie politique recommandent ces moyens préventifs, pour éviter les trop nombreuses familles. Mensinga, par exemple, les recommande aux mères épuisées et maladives, pour leur épargner les fatigues d'une nouvelle grossesse. En se plaçant à un autre point de vue, Wicksell a insisté de nouveau sur la nécessité (?) pour les jeunes hommes d'avoir des rapports sexuels. Il souhaite que les jeunes gens des deux sexes puissent s'unir comme époux et éviter en même temps la grossesse, jusqu'à ce que leur position sociale leur permette d'élever leurs enfants.

Si l'emploi des moyens préventifs est difficile chez les femmes qui ont eu plusieurs enfants, il devient presque impossible à appliquer chez des sujets vierges, chez des jeunes filles. Quand on cite l'exemple de X, Y, Z, qui ont été heureux dans leurs tentatives, ces cas, en partie apocryphes, ne prouvent rien quand on les oppose à ceux beaucoup plus nombreux suivis d'insuccès.

Celui qui connaît les différences qui existent entre les organes génitaux de la vierge et ceux de la multipare conviendra que, chez la première, toute application d'instrument est exceptionnellement difficile; c'est à peine si des gynécologistes instruits et expérimentés peuvent le faire avec succès.

Si Wicksell avait eu l'occasion d'examiner des femmes enceintes, dans un cabinet médical, et s'il les avait entendu s'écrier au moment où on leur annonçait leur grossesse : « Non ! c'est impossible ! il (l'amant) m'avait affirmé que cela ne pouvait pas avoir de suite, » si Wicksell avait fait cette expérience, il est probable qu'il ne serait pas si absolu dans son affirmation.

Dans ses conférences et ses discussions publiques, Wicksell a dit que les mœurs qu'il proposait étaient en honneur dans certains pays, entre autres à Malaga ; et il indique comme source de ses informations un travail de Wachtmeister. Le seul passage relatif à notre question, que j'aie trouvé dans cet auteur, est le suivant : « Les filles se marient souvent à l'âge de douze ans avec des garçons de quatorze à quinze ans. Comme ces derniers sont généralement incapables d'entretenir leurs femmes, il est d'usage que le jeune couple se loue une ou deux chambres, mais que, pour le reste, chacun des époux retourne dans sa famille y prendre ses repas jusqu'à ce qu'ils puissent se suffire à eux-mêmes. » Je n'ai rien lu d'autre dans ce livre, qui soit relatif à notre sujet[1]. Je regrette que l'on n'ait pas fait de plus amples études sur ces intéressantes particularités de physiologie sexuelle et sociale. En attendant, je ne vois pas en quoi de telles mœurs pourraient venir à l'appui de la théorie de Wicksell.

Mais ce n'est pas assez que de mettre en lumière les inconvénients physiques de ces procédés, il ne faut pas non plus passer sous silence leurs inconvénients moraux ; ceux-ci existent tout aussi bien pour la femme que pour l'homme. La plupart des femmes européennes qui ont reçu une instruction supérieure se sentent profondément blessées quand elles se voient obligées de se considérer comme un simple instrument de plaisir, et non comme des individus, des personnalités possédant des droits inaliénables. Il est vrai que nous devons reconnaître que leur sort n'est pas plus heureux quand leurs maris les rendent mères coup sur coup, sans trêve ni repos, et n'ont même pas pour elles les soins que l'on a pour un bel animal domestique dont on s'efforce sans cesse de conserver la santé et la vie. Si c'est vrai pour toute femme mariée, ce l'est doublement pour celles qui appartiennent aux classes ouvrières et qui, dans leur dur travail,

(1) Turistminnen. Stockh. p. 161.

ne peuvent le plus souvent se reposer sur aucune
aide. Pour ces femmes qui portent déjà une si
lourde croix, ce serait un bienfait si leur mari
atteignait un assez haut degré de perfection morale
et intellectuelle pour ne plus considérer les rapports
sexuels continuels comme nécessaires et naturels.

La philanthropie apparente que les néo-malthu-
siens semblent montrer dans ces circonstances
n'atteint jamais son but. La femme souffre plus
particulièrement de ces procédés contre nature
parce que — peut-être par une sorte d'instinct
héréditaire — elle aime voir s'enchaîner toutes les
phases de la vie génitale. C'est en quelque sorte
à contre-cœur qu'elle voit leur succession inter-
rompue.

L'emploi de ces moyens préventifs est dangereux
pour l'homme parce qu'ils éveillent souvent en lui
un sentiment de dégoût vis-à-vis de sa femme, quand
celle-ci — alors même qu'elle y a été poussée par
son mari — a acquis une certaine technique de la
vie génitale laquelle instinctivement, lui paraît
opposée à l'intimité profonde, à la chasteté, à la pureté que tout homme attend et exige de son épouse[1].

Si, pour en finir avec la doctrine malthusienne,
je voulais formuler à son égard un jugement précis,

(1) On trouvera dans l'ouvrage de Klencke : *l'Épouse*, une
morale chaste et élevée. Leipzig, Kummer.

je n'aurais qu'à laisser la parole à Max Nordau
que j'approuve. Le passage suivant démontre clairement que les adversaires de l'ordre social actuel ne
s'entendent guère entre eux. Il montre aussi que
son auteur, malgré toutes ses erreurs, a conservé
— sans doute à cause de son origine israélite —
les préceptes de cette hygiène sexuelle qui a fait
depuis des milliers d'années la force de son peuple.
Voici comment il s'exprime :

« Quand une race ou un peuple sont déchus à
ce point, leurs membres perdent la faculté d'aimer sainement et naturellement. Le sentiment de
la famille s'éteint. Les hommes ne veulent pas
se marier, parce qu'il leur semble incommode
d'accepter la responsabilité d'une autre existence,
et de pourvoir à ses besoins. Les femmes redoutent
les douleurs et les ennuis de la maternité, aussi
quand elles sont mariées s'efforcent-elles par tous
les moyens possibles d'éviter d'être mères. L'instinct de la reproduction qui n'a plus de but se
perd chez les uns, pendant que chez les autres
il dégénère et se transforme en errements les plus
extraordinaires et les plus fous. L'accouplement, la
fonction la plus élevée de l'organisme. . . . . . .
. . . . . . . . . . . . . . . . . . . . . . . . .
se prostitue pour ne plus être qu'un vulgaire
caprice ; il n'a plus pour but d'entretenir l'intimité

dans le mariage, mais son seul intérêt est la satisfaction d'un plaisir personnel sans utilité et sans
valeur pour le bonheur commun [1]. »

J'ai soutenu plus haut que les moyens préventifs
étaient incertains, infidèles, et que pour éviter l'accroissement trop considérable des familles, on en
arriverait à avoir recours à d'autres expédients que
récusent les malthusiens eux-mêmes : c'est-à-dire
à l'avortement. Je puis, à l'appui de ma thèse, fournir plusieurs preuves venues d'Amérique. Mais au
lieu de m'étendre personnellement sur cette question, je préfère laisser la parole à des hommes
plus compétents : l'un est un sociologue anglais,
l'autre un gynécologiste américain.

Le premier, William H. Dixon, s'exprime de la
façon suivante :

« Ce que j'ai vu et entendu pendant mon séjour
dans ce pays m'a conduit à penser que parmi les
femmes appartenant aux classes les plus élevées
de la société, il existe une sorte de conjuration
aussi étrange que répandue ; elle est sans insti-
gateur ni chef, sans bureau ni quartier général,
et ne tient pas non plus d'assemblée... Mais si
cette conspiration ourdie parmi les reines de la
mode arrivait à son but, nous assisterions à cet

______

(1) *Les mensonges conventionnels*, Paris.

effroyable résultat qu'à l'avenir il ne pourrait même plus être question d'une exposition de bébés. » Dixon ajoute comme complément à ces paroles les opinions d'une dame américaine :

« Le premier devoir de la femme est d'être agréable à son mari de façon qu'il l'attire à lui et puisse exercer sur elle une influence salutaire. Mais les devoirs de la femme ne consistent nullement en ce que les hommes s'en servent uniquement pour tenir leur maison ni pour qu'elles passent leur vie à se traîner de la chambre des enfants à la cuisine, et de là à la chambre à coucher. Elle a le droit d'éviter tout ce qui touche à sa beauté et par conséquent à ses véritables intérêts, absolument comme un homme a le droit de se récrier contre des droits d'entrée illégitimes que l'on voudrait prélever sur sa personne.

« Le premier soin d'une femme d'intérieur est d'assurer la prospérité de son mari, et puisqu'elle doit être la compagne de sa vie, sa prospérité personnelle. Elle ne doit rien tolérer qui puisse éloigner son époux... Des enfants perdent le temps de leur mère, nuisent à sa santé et la vieillissent de bonne heure. Nous n'avez qu'à descendre dans la rue pour y voir par centaines des jolies filles à peine sorties de l'enfance. Je suppose qu'elles se marient dans un an ; eh bien ! avant dix ans elles

seront déjà vieilles et flétries. Alors aucun homme
ne s'occupe plus de leurs charmes. Leurs maris
mêmes ne retrouvent plus l'éclat de leurs yeux ni
la fraîcheur de leurs joues. Elles ont sacrifié leur
vie à leurs enfants. »

Dixon ajoute que, d'après son expérience personnelle, « dans toutes les contrées de l'ouest, les
mères ont une fierté légitime de posséder une
grande famille... mais ici, dans la nouvelle Angleterre, à New-York, il y a sous ce rapport des différences essentielles[1] ».

La femme américaine s'entend aussi bien que
sa sœur de France à user des moyens préventifs ;
elle en abuse quelquefois tellement que sa santé en
souffre. Mais elle ne se contente pas de cela, et
quand elle est enceinte elle n'hésite pas à avoir
recours à un avorteur ou une avorteuse de profession, si nombreux dans les villes d'Amérique.

A ce sujet, le gynécologiste Gaillard Thomas fait
la remarque suivante :

« On n'a pas encore relevé de statistique qui
établisse la fréquence des avortements illégaux, et
on ne l'établira certainement jamais, car ce forfait
échappe au contrôle de la société, et, pour d'é-
tranges raisons, il échappe à l'action directe de la

(1) *Var tids Amerika*. Trad. par Thora Hammarsköld. Stockholm, 1868, II, p. 171 et suivantes.

justice. Je sais qu'il est dur de dire que la loi punit avec une sévérité impitoyable celui qui tue son semblable, alors qu'elle laisse pleine liberté à ceux qui tuent un enfant dans le sein de la mère, — et cependant il en est ainsi.

« Je vais citer quelques faits qui viendront à l'appui de cette affirmation, et qui montreront clairement que ce crime augmente chez nous dans des proportions effrayantes. J'ai en ce moment sur ma table un des journaux les plus répandus, les plus estimés et les mieux écrits de New-York. Il n'est pas seulement accepté dans les cercles les plus choisis de notre haute société, mais on le rencontre encore dans les mains des filles et des femmes de toutes les classes. Je lis dans ses colonnes quinze annonces qui émanent sans aucun doute d'avorteurs de profession, — c'est-à-dire d'hommes et de femmes qui font métier de tuer des enfants.

« Il est bien possible que ce fait ait échappé aux éditeurs qui ont la réputation d'être hommes d'honneur, ainsi qu'à la police : mais c'est à peine croyable, car certaines de ces annonces étalent effrontément les avantages que présenteraient les établissements qu'elles recommandent. On y lit qu'ils ont des chambres particulières où les malades peuvent être soignées ; qu'il n'est besoin que d'une seule consultation pour atteindre le but désiré, et cela sans l'emploi de moyens dangereux pour la vie ou pour la santé.

« Dans sa dernière assemblée, le congrès américain de médecine de New-York proposa comme sujet de concours pour un prix « un travail court, facile à lire, qui puisse être répandu parmi le sexe féminin et qui expose les peines édictées par la loi et les inconvénients physiques touchant l'avortement. »

Ce prix fut accordé au professeur H. B. Storer de Boston, auteur d'une excellente monographie intitulée : « Why not[1] ». Il n'est pas rare de lire dans les feuilles américaines des annonces comme celles-ci : « Lady Sylver Pills, pour la régularisation des périodes menstruelles. Les femmes enceintes sont engagées à ne pas s'en servir, car ce remède entraînerait infailliblement un avortement. »

Th. A. Emmet fait la remarque suivante à ce sujet: « Pour rester dans les limites que nous imposent les convenances, nous ne pouvons qu'indiquer les différents moyens préventifs et la fréquence étonnante des tentatives criminelles d'avortement. Je m'adresse à tous ceux qui se sont occupés de gynécologie ; pourra-t-on nous taxer sincèrement d'exagération quand nous disons qu'un

---

(1) *Traité de Gynécologie*, par Gaillard Thomas. Traduit en français par Lutaud.

seul jour nous amène plus de malheur et de tristesse causés par la spoliation du mariage que nous
n'en voyons dans tout un mois dus à des accouchements réguliers dont la marche n'a été troublée
par aucune tentative illégitime [1] ? »

Le Dr H. S. Pomeroy écrit de son côté : « Je crois
que le péché américain par excellence est d'atten-
ter à la vie humaine dans le sein maternel et de la
troubler dans son évolution ; si on ne remédie à
cet état de choses, il en résultera tôt ou tard notre
malheur. »

« J'en appelle aux classes moyennes, parce que
c'est d'elles que partent les idées générales et
qu'elles renferment dans leur sein le plus grand
nombre de malfaiteurs. »

« Il serait difficile de trouver un domaine à la
campagne, une rue dans une ville, où des enfants
n'aient été tués avant leur naissance par ceux-là
même auxquels les lois humaines et divines avaient
confié leur sauvegarde. Si la loi reste lettre morte,
si des médecins sans conscience se mettent du côté
du crime pendant que ceux qui sont honnêtes se
taisent le plus souvent ; si enfin la presse et l'Église,
imitant les lévites, consentent à fermer les yeux —
que faire alors ? »

(1) *The principles and practice of Gynæcology.* 3e édition.
London, 1885, p. 24.

« Si l'on honorait la reproduction des êtres humains de la haute estime, de la considération, de la déférence qui lui sont dues, on verrait fleurir la vertu et la pureté. La société serait débarrassée de ce forfait dangereux et dégradant commis souvent par ignorance ; il en résulterait sans aucun doute une amélioration considérable dans les conditions intellectuelles, morales et physiques des individus. Le Créateur a donné à tout être humain certains instincts et certaines passions qui doivent concourir à un but déterminé. Ces instincts et ces passions sont de fidèles serviteurs, mais de cruels maîtres. Il faut les conduire avec prudence et les surveiller avec soin, ou bien ils apporteront tôt ou tard des troubles et des malheurs ; et cependant nos habitudes sociales exigent que ces instincts et ces désirs soient presque ou complètement ignorés pendant qu'ils se développent... »

« Nous voyons dans notre clientèle des femmes qui ne voudraient pas tuer une mouche, et qui avouent sans hésiter, avoir tué une demi-douzaine ou plus encore de leurs progénitures ; elles parlent de cela comme s'il s'agissait de jeunes chats qu'elles eussent noyés, pour s'en débarrasser[1]. »

(1) *Loc. cit.*, p. 39, 49, 60.

S. RIBBING.                                        9

## L'accroissement de la population.

Je laisse aux économistes politiques le soin de résoudre la question de l'encombrement de la population et des prétendus dangers que celle-ci entraîne; je me contente d'indiquer quelques procédés que la nature met en œuvre pour obvier à un accroissement trop considérable du genre humain. Un de ces procédés, toujours en pleine activité parmi nous, consiste dans cette restriction étrange de la puissance fécondante de la femme. Cette faculté, en effet, ne dure pas aussi longtemps que la vie, la santé et la force ; elle touche à sa fin avec la période appelée *critique* et qui débute généralement de la quarantième à la cinquantième année. Sa fécondité se limite donc à une période d'environ trente ans; et, bien qu'après cette époque la femme puisse encore espérer quelques dizaines d'années de bonne santé, elle ne peut pas, malgré des rapports sexuels, donner naissance à des enfants. Par cette loi particulière à l'homme, et complètement inconnue dans le monde des bêtes, la nature a voulu assurer, dès le début, une limite à l'accroissement trop grand du genre humain ; elle a tenu du même coup à assurer ainsi à l'enfant qui grandit, l'assistance de sa mère qui doit pourvoir à sa subsistance et à son éducation jusqu'à ce qu'il puisse se suffire à lui-même. Ce caractère particulier à la femme pourra fort bien, dans les générations futures, et par une évolution toute naturelle, s'accentuer davantage, de sorte que si l'encombrement devenait menaçant, la période de l'âge critique avancerait de plus en plus.

La nature se sert encore d'un autre moyen, mais qui, pour le moment, est plutôt pressenti que réellement démontré. Ainsi, chez les peuples trop nombreux, relativement aux ressources que leur fournissent leur pays, on note une tendance à rester au lieu de naissance ; les mariages se font entre voisins qui sont connus pour avoir une bonne position de fortune, etc... Mais la fécondité de ces peuples est inférieure à celle des autres. C'est après des émigrations en masse, des mélanges de races, des émigrations de peuplades, etc., que l'on observe les accroissements les plus notables des populations. Ainsi, la Canadienne française est très fertile, et même beaucoup plus que sa compatriote de souche irlandaise ou anglaise.

En ce qui concerne la fécondité dans le mariage, les auteurs mêmes qui ont écrit des livres de sociologie, paraissent avoir des connaissances bien incomplètes à cet égard. Par exemple, le livre que nous citions plus haut sous le titre de « *Grundzüge der Gesellschaftslehre*, évalue le nombre d'enfants engendrés par un couple à 10 ou 12, y compris les avortements et les mort-nés[1]. C'est là une grosse erreur. C'est tout au plus si on peut évaluer ce chiffre à 10 en moyenne, le *maximum* de fécondité pour un couple d'époux, et encore faut-il que la femme se soit mariée à vingt ans et que la vie commune ait duré vingt-cinq ans[2]. Autant qu'il est possible de se renseigner à cet égard, il n'est aucun pays qui atteigne une *moyenne* aussi élevée. Sur 100 mariages, il y en a de 18 à 20 dont les uns restent sans descendants, dont les autres sont troublés par la maladie ou brisés par la mort, si bien que la moyenne des enfants légitimes, dans les différents pays, paraît répondre aux chiffres suivants :

| | | |
|---|---|---|
| En Hollande pour chaque couple | | 4,88 |
| En Norvège | — | 4,70 |
| En Prusse | — | 4,60 |
| En Bavière | — | 4,55 |
| En Suède | — | 4,52 |
| En Saxe | — | 4,35 |
| En Angleterre | — | 4,33 |
| En Belgique | — | 4,23 |
| En Danemark | — | 4,18 |
| En France | — | 3,46 [3] |

Toutes ces données sont empruntées au même

(1) *Loc. cit.*, p. 433.
(2) *Real-Encyclop. der med. Wissensch.*, IV, p. 329.
(3) Hellstenius. *Loc. cit.*, p. 98.

ouvrage ; ces chiffres ont été sans aucun doute, calculés de la même façon et à la même époque. Si
l'on s'appuie sur d'autres statistiques plus récentes
et ayant porté sur des périodes plus courtes, on
obtient des chiffres différents et la plupart inférieurs aux précédents. Ainsi, en Prusse, les derniers
calculs annoncent une moyenne de 4,114 enfants
par couple marié, dont 3,957 vivants et 0,157 mort-
nés[1] ; en Angleterre, cette moyenne s'élève, dans
ces vingt-cinq dernières années, à 4,10, à 4,12[2] pour
la Belgique, à 2,9 pour la France, enfin elle varie
de 2,5 à 3, dans la plupart des provinces orientales
de l'Amérique du Nord[3].

On a entendu dire de différents côtés[4] que, grâce
à l'emploi des moyens préventifs, la fécondité des
familles riches était moindre. Le mode de recherches que j'avais proposées dans ce sens aurait pu
donner une réponse plus exacte que celles auxquelles je me suis livré moi-même. Je me décide
cependant à publier mes résultats ; j'évalue le nombre moyen des enfants nés dans le domaine de
Lund, à 4,17 par couple appartenant au clergé ;

(1) *Real-Encyclopædie d. med. Wissenschriften*, t. V, p. 553 et
suivantes.

(2) Mulhall. *Fifty years of nat progress*. Lond., 1887, p. 113.

(3) J. V. Tallqvist. *Rech. stat. sur la tendance à une moindre
fécondité*. Helsingsfors, 1866, p. 12-13.

(4) Drysdale. *Westm. Revue*, mai 1889.

cette moyenne descend à 3,5 pour les familles de médecins suédois[1]. Ajoutons que ces chiffres n'ont été calculés que d'après les enfants nés vivants ; si l'on y ajoutait les enfants mort-nés, il est évident que ces moyennes seraient plus élevées.

Par ses statistiques portant sur les familles des pairs d'Angleterre, Sadler a démontré que, lorsque les mariages étaient conclus à un âge convenable, leur fécondité n'était généralement pas inférieure à celle des mariages du peuple. Quand la mère était âgée de moins de vingt-six ans, la moyenne des enfants était de 5,13 ; de vingt-six à trente-six ans, cette moyenne tombe à 3,50 ; au delà, elle descend à 2,89. Les hommes mariés avant leur vingt-sixième année, engendrent en moyenne 5,11 enfants ; de vingt-six à trente-six ans, 4,43 ; au delà de trente-six ans, cette moyenne n'atteint plus que 2,84[2].

Dans l'ouvrage cité plus haut, Drysdale prétend que les riches réduisent volontairement le nombre de leurs enfants, tandis qu'ils voient avec plaisir de nombreuses familles chez les pauvres, parce qu'ils obtiennent ainsi des ouvriers à bon

(1) Cette diminution pour les familles de médecins tient sans doute à la durée moins longue de la vie commune, cette dernière circonstance étant due elle-même à ce que les médecins meurent plus tôt.

(2) Svensen. *Loc. cit.*, p. 56.

marché. Or, la première de ces affirmations est en opposition formelle avec les statistiques de la plupart des peuples ; quant à la seconde, elle est inexacte pour beaucoup de pays, entre autres pour le nôtre. Ici, les riches ont plutôt une tendance à s'opposer aux mariages précoces dans les classes ouvrières, parce que, la misère devenant plus grande, cette circonstance les force à donner davantage aux pauvres.

Le même auteur espère que, dans des temps plus éclairés, toute famille dont le nombre d'enfants aura dépassé un certain chiffre (4, par exemple), sera réprimandée par ses concitoyens, et même que l'on établira une pénalité juridique à cet effet. L'auteur ne dit pas comment on devra juger quand une femme accouchera, à la fin de sa quatrième grossesse, de deux jumeaux, ou même de trois enfants. Mais, sans revenir sur cette dernière objection, je me permets de faire remarquer tout ce qu'aurait d'absurde l'établissement d'une sorte de taxe invariable. D'après cette proposition, une famille riche qui doterait la société de nombreux descendants forts, honnêtes, bien élevés, travailleurs, cette famille devrait s'exposer à des reproches que n'encourrait pas un couple qui aurait donné le jour à un plus petit nombre d'enfants malingres, faibles de corps et d'esprit ! Ce sera toujours une mauvaise chose de vouloir faire intervenir des opinions préconçues et même la loi dans des intérêts privés aussi délicats ; il est fort douteux que de telles propositions puissent avoir un avantage quelconque.

Un simple coup d'œil jeté sur le tableau que nous avons donné plus haut, pourrait nous amener à différentes considérations. Nous constatons un écart aussi grand entre les Pays-Bas et le Danemark, qu'entre le Danemark et la France, et pourtant, je n'ai jamais entendu accuser les Danoises de se servir de moyens préventifs. Il doit donc exister encore d'autres facteurs qui influent sur la fécondité des mariages.

Dans la question de l'accroissement d'un peuple, il faut faire intervenir certains facteurs, tels que le nombre de mariages, leur fécondité, la mortalité plus ou moins élevée chez les enfants, la durée de la vie en général, les immigrations et les émigrations.

La population de la France[1], par suite de sa faible fécondité et de la grande mortalité des enfants, ne peut se maintenir sans immigration ; cette circons-

---

[1] Sur la population de la France il y a 1,525,000 habitants qui sont nés à l'étranger, c'est-à-dire 3 p. 100 de la population totale. Ce taux ne s'élève qu'à 0,4 p. 100 pour l'Angleterre, et à 0,6 p. 100 pour l'Allemagne.

tance, soit dit en passant, n'a pas été sans inquiéter sérieusement les moralistes, les politiciens et les médecins français, et cela pour de toutes autres raisons que la satisfaction de la *revanche*.

Je vous ai exposé, messieurs, quelques-uns des faits que nous enseigne la nature au sujet du mariage. Permettez-moi d'ajouter encore un mot. Comment pourrait-on concevoir, dans quelque monde que ce soit, que la vie qui trompe si souvent nos espérances, épargnât nos plaisirs sexuels ? Si, ou plus exactement, puisque le mariage doit être notre soutien, après nos espérances déçues et dans les efforts malheureux que nécessite la lutte pour la vie, il n'accomplit sa mission que parce qu'il offre quelque chose de meilleur et de plus élevé que ce qu'un simple esclave de ses sens peut attendre d'eux. — Une anecdote encore pour finir.

Il y a environ vingt-cinq ans, une bande de jeunes étudiants s'entretenaient joyeusement — ce qui arrive souvent, — des choses du mariage. « Nous avons beaucoup à dire sur ce sujet, » déclara un théologien (aujourd'hui titulaire d'une cure). Personne ne le contredit. — « Pourtant, il y a au moins un côté qui nous regarde, » s'écria un juriste (aujourd'hui membre d'un tribunal royal de Suède) : même approbation générale. — « Nous aussi, avons à ce sujet, un devoir à remplir, » ajoutai-je, en ma qualité d'étudiant en médecine, le seul qui fût présent. — « Oui, crièrent-ils en chœur, mais c'est assurément le moins important de tous ! » Je ne répondis pas plus à ce moment-là que je ne le fais aujourd'hui (les discussions de rang n'ont jamais été mon affaire) ; pourtant, je prétends que si le bonheur d'un ménage avait été troublé par la violation des lois physiologiques et psychologiques — qui ressortent bien de notre domaine, — ce ne serait ni par l'intervention de l'Église, ni par les droits de famille ou la communauté des biens, que le bonheur renaîtrait au sein du foyer conjugal.

# TROISIÈME LEÇON

## MALADIES DES ORGANES GÉNITAUX



Dans ce qui précède, je vous ai exposé les lois
anatomiques et physiologiques fondamentales de
la vie sexuelle, ainsi que les conditions de leur
application normale dans le mariage. Je dois
aujourd'hui vous mettre au courant des perturbations de la vie sexuelle, des maladies des organes
génitaux. Ces maladies sont connues des médecins
depuis des milliers d'années, elles ont été décrites
aussi bien par les satyriques que par les moralistes.

Aujourd'hui on s'inquiète des dangers de l'inactivité des organes génitaux ; autrefois on s'occupait
davantage des conséquences funestes de leur surmenage. On trouve déjà dans Hippocrate une description de ces troubles ; une suite ininterrompue

de travaux ultérieurs sont venus contribuer à l'é
tude de cette question. Les symptômes de cette
maladie sont assurément très variables avec chaque
individu ; il s'en dégage cependant quelques traits
constants. On peut ranger parmi ces derniers une
faiblesse générale, la pâleur du visage, un abattement de l'esprit qui n'est jamais en repos, un trem-
blement généralisé, une paresse et des sensations
douloureuses dans les membres inférieurs, une certaine faiblesse des organes excréteurs de l'urine,
des transpirations peu abondantes et survenant
quelquefois subitement, enfin de la faiblesse génitale, ou de l'impuissance. Ces symptômes résultent
des abus dont les organes génitaux ont été l'objet,
soit par les voies naturelles soit autrement. Tous ces
abus peuvent provoquer une disposition morbide
dont on s'est beaucoup occupé dans ces derniers
temps : la neurasthénie sexuelle. Elle est le tour-
ment du médecin consciencieux, mais le charlatan
la regarde au contraire comme une bonne aubaine,
parce qu'il sait qu'elle lui permettra d'exploiter
sérieusement son client.

### L'Onanisme. — Son influence néfaste.

Un livre comme celui-ci doit insister avant
tout sur les causes des maladies, moins sur les
symptômes particuliers et leur traitement ; je com-

mence donc tout de suite par vous parler d'une des causes des troubles génitaux, d'autant plus qu'au point de vue hygiénique cette cause a un intérêt général qui n'intéresse pas le médecin seul : je veux parler de l'*onanisme*.

On a dit et écrit tant de choses sur ce sujet, qu'il ne manque pas de sources bibliographiques auxquelles on puisse largement puiser tous les renseignements nécessaires. Mais tous ces ouvrages sont si incomplets, à tel ou tel point de vue, qu'ils ont plutôt pour résultat d'égarer le lecteur que de l'éclairer. Par onanisme, on entend un acte par lequel un individu arrive, au moyen de manipulations spéciales, de procédés mécaniques ou simplement de son imagination, à exciter suffisamment ses organes génitaux pour provoquer le spasme nerveux lié normalement aux rapprochements sexuels. Cette définition convient aux deux sexes, à tous les âges de leur vie. Chez les jeunes gens pubères et chez les hommes, ce spasme s'accompagne naturellement d'éjaculation de sperme. On a beaucoup parlé et écrit sur la fréquence de cette dangereuse habitude. Je ne tiens pas pour le moment à en donner une preuve statistique, mais je reconnais que, dans les pays civilisés, elle est très commune bien qu'elle ne soit pas aussi répandue que certains auteurs lascifs aiment à le dire.

Quand ce vice ou cette déplorable habitude débute chez un jeune homme, ce dernier y a été conduit le plus souvent par de mauvais exemples, corrompu par des camarades, par des serviteurs sans conscience ou par d'autres personnes âgées. Mais les instincts peuvent être éveillés aussi par hasard, sous l'influence d'idées particulières ou d'une combinaison de sensations. Ce vice est quelquefois provoqué par certains exercices corporels, le grimpage, l'équitation, le fait de voyager dans des véhicules qui cahotent, etc... Chez les enfants qui ne connaissent pas les dangers de la chose, et chez ceux qui sont trop faibles de caractère pour résister au plaisir que ce vice leur procure, les occasions fortuites et souvent excusables au point de vue moral donnent naissance à des habitudes coupables.

Les conséquences s'en font sentir tôt ou tard. Bien qu'il ne soit pas toujours possible à l'œil même le plus exercé d'affirmer à première vue qu'un individu soit onaniste, on ne peut pas nier que celui qui est affligé de ce vice l'a souvent marqué sur son visage et dans son aspect. Les yeux sont enfoncés, le regard fuyant, la figure d'une pâleur cadavérique, les mains froides et humides, la mémoire courte, le caractère irritable ; enfin, à ce tableau symptomatique s'ajoute assez souvent une certaine paresse et des habitudes de rêverie en plein jour.

Si des soins et un traitement convenable ne sont pas institués, on voit s'installer dans l'organisme des troubles plus graves, tels que la neurasthénie génitale, l'impuissance, un épuisement général, des affections du poumon et du cœur, etc... En ce qui concerne les troubles psychiques consécutifs à l'onanisme, les auteurs compétents divergent assez entre eux ; les uns veulent que cette complication soit très fréquente, les autres la considèrent au contraire comme exceptionnelle.

Esquirol écrit à ce sujet : « La masturbation, ce fléau de l'espèce humaine, est, plus souvent qu'on ne pense, cause de la folie, surtout chez les riches[1]. » Un autre aliéniste, Guislain, s'exprime ainsi : « La question de l'onanisme dans ses rapports avec l'aliénation mentale est difficile à résoudre... Nous n'avons pu soupçonner cette cause que trois à quatre fois parmi nos malades entrés depuis un an... Et cependant ce vice est très fréquent chez les aliénés, mais il faut observer que plusieurs d'entre eux ne le contractent que pendant qu'ils sont aliénés[2]. »

Cette dernière remarque est véritablement pour nous un fil conducteur pour bien saisir cette question dans son ensemble. Dans une grande partie du

(1) Cité par Acton. *Loc. cit.*, p. 74.
(2) *Nouveau diction. de méd. et de chirurgie*, p. 494.

public on entend dire que beaucoup de cas de maladies mentales et d'idiotie sont occasionnés par l'onanisme, alors que ces troubles psychiques ne sont que le résultat de malformations encéphaliques héréditaires ou acquises.

L'intention de ramener un onaniste à la santé et à la vie normale n'est assurément pas une mauvaise chose [1]. Seulement le public et les malades ont été tellement effrayés par de mauvais livres ou du moins par des écrits émanant de personnes incompétentes quoique bien intentionnées, que souvent le point le plus difficile pour un médecin n'est pas de combattre la lésion elle-même, mais bien de réfuter tout ce que le patient a pu lire sur la question.

Il me paraît indiqué de citer, à l'appui de ce que je viens de dire, les paroles d'un juge compétent. Le professeur W. Erb de Heidelberg dit : « En général on considère l'onanisme comme beaucoup plus dangereux que le coït. Cela ne nous paraît guère croyable. L'effet produit sur le système nerveux doit pourtant être le même pour un homme, que la friction du gland ait été faite contre les parois vaginales ou par tout autre procédé. L'ébranlement nerveux qui accompagne l'éjaculation est

---

(1) Comparer Acton. *Loc. cit.*, p. 70.

identique ; il est même plus facile d'admettre que l'usage d'une femme produit une surexcitation nerveuse plus grande encore. — Néanmoins cette excitation artificielle fréquemment répétée dans le jeune âge entraîne de grands dangers. D'ailleurs l'onaniste est dominé par la pensée si justifiée qu'il commet une ignominie ; il se livre en lui une lutte constante entre ses instincts tout-puissants et le sentiment du devoir, et il n'est pas douteux que son système nerveux soit fortement attaqué et s'épuise par ce combat continuel. Cette circonstance augmente encore l'influence néfaste de l'onanisme... Nous n'avons naturellement pas à étudier ici les conséquences morales de ce vice[1]. »

Peut-être quelqu'un pourra-t-il penser que j'excuse l'onanisme, ou quelque critique me reprochera-t-il d'être trop doux, trop indulgent pour les aberrations sexuelles ; je tiens à rappeler ici avec insistance que je me suis toujours défendu de cette accusation. Si quelqu'un m'accuse maintenant de faiblesse, cela tient assurément à ce qu'il a lu des ouvrages qui, pour une raison ou pour une autre, dépeignent les suites de l'onanisme sous les couleurs les plus sombres. Si

---

(1) *Handbuch d. spez. pathol. u. Ther.* Edité par H. de Ziemssen. II. *Maladies de la moelle,* par W. Erb. 2e édit. Leipzig, 1878, p. 163 et suivantes.

des écrivains distingués ont été amenés à se former
un jugement plus sévère sur cet objet; je ne conteste nullement leur manière de penser; je me
contente simplement de mettre en regard de la
leur mon expérience personnelle assez étendue sur
ce point, et je constate que la plupart des onanistes, obéissant à des principes hygiéniques, moraux ou religieux, parviennent à triompher de leur
triste maladie, sans chercher leur guérison dans
une vie déréglée ou dans le mariage. Pour prouver,
de plus, que l'onanisme entraîne rarement les maladies mentales si souvent dépeintes dans les livres
populaires, je me permets de citer quelques chiffres tirés des statistiques suédoises et anglaises.

Les hôpitaux suédois ont recueilli :

| | | | | | |
|---|---|---|---|---|---|
| En 1883. . . | 613 | aliénés dont | 25 | | |
| En 1884. . . | 704 | — — | 19 | devaient leur |
| En 1885. . . | 744 | — — | 22 | affection |
| En 1886. . . | 741 | — — | 35 | à l'onanisme. |
| En 1887. . . | 791 | — — | 35 | |
| Soit. . . . | 3 623 | | 136 | |

Ce qui fait une proportion de 3,7 p. 100. Dans
ces 136 aliénés on a fait entrer ceux chez qui
l'onanisme n'a été qu'une cause concomitante et
non la cause unique de l'aliénation.

Les statistiques des trois dernières années dont
les résultats ont été publiés en Angleterre, sont les
suivantes :

Ont été recueillis dans les hôpitaux :

En 1885. .   13 158 aliénés dont   160   devaient leur
En 1886. .   13 624    —     —     163        affection
En 1887. .   14 336    —     —     203    à l'onanisme.

Dans ce pays, la moyenne des aliénés pour onanisme a été, en 1885, de 1,2 p. 100 (2,2 p. 100 pour les hommes, 0,3 p. 100 pour les femmes) ; en 1886, de 1,1 p. 100 (2 p. 100 pour les hommes, 0,3 p. 100 pour les femmes) ; en 1887, de 1,4 p. 100 (2,6 p. 100 our les hommes, 0,2 p. 100 pour les femmes).

Comme je sais qu'il existe[1] un grand nombre d'auteurs, la plupart sans instruction médicale, qui se sont élevés de toutes leurs forces contre l'ignominie, la monstruosité et les dangers de l'onanisme et ont voulu le remplacer par des rapports sexuels illégitimes, je tiens, dans l'intérêt de la vérité, à réfuter leurs descriptions erronées.

Dans ses polémiques contre P.-M. Personne, G. de Geijerstam émet des vues analogues. Ce dernier déclare que pour tout individu soumis aux habitudes onanistiques, « il devient nécessaire d'aller au-devant de la réalité afin de se sous-

(1) Par une coïncidence assez curieuse, un médecin, P. Mantegazza (*la Physiologie de l'amour*, 1888), s'est mis dans leurs rangs et déclare que « la pureté absolue avec ses sublimes tourments, voire même la prostitution avec ses... ordures sont cent fois préférables à l'onanisme ». (Cette association de la chasteté et de la prostitution me paraît au moins étrange !)

traire aux hallucinations de son imagination »[1].

Il se retourne ensuite avec fureur contre Personne et écrit : « Il me semble que cette souillure personnelle soit la plus abominable de toutes les bassesses, et quand on connaît son influence sur le caractère et sur les facultés de l'âme, on ne peut cependant songer à admettre sur ce sujet des différences de degrés, comme le voudrait le grand moraliste Personne. Les pédagogues et les psychologues doivent au contraire diriger toute leur attention et tous leurs efforts, dans le but de faire disparaître définitivement l'onanisme. Ce n'est que quand ce vice aura cessé de se manifester, comme c'est maintenant la règle au lieu d'être l'exception, que l'on pourra espérer que la nature humaine puisse trouver assez de force pour dominer ses instincts désordonnés.

« Si l'on veut chercher une « tendance » dans mon ouvrage, alors qu'il a simplement pour but de reproduire fidèlement la vie normale, que l'on considère comme telle le souhait que je viens de faire. Mon livre ne contient pas d'autres tendances[2]. »

Des phrases comme celles que nous venons de lire font tous les ans beaucoup de mal aux jeunes

(1) *Loc. cit.*, p. 24.
(2) *Loc. cit.*, p. 24.

gens. Elles ne les égarent pas seulement pour les soustraire à l'onanisme; mais le libertin qui sent la moindre indisposition s'imagine qu'elle est due à la masturbation et s'empresse d'aller chercher le remède dans des fréquentations illégitimes.

J'ajouterai que, d'après ce que m'a appris mon expérience personnelle, il est exceptionnel qu'un onaniste qui s'est jeté dans les bras de prostituées reprenne plus tard une vie morale. Quand une fois il a eu la sottise de recourir au « remède » indiqué, il s'imagine le plus souvent que son état exige qu'il en continue l'application. Dans les pages précédentes, j'ai cité textuellement les paroles d'un médecin français qui abondaient dans le même sens, et qui étaient comme une demi-concession; mais je m'empresse de reconnaître que c'est le seul exemple que j'aie trouvé dans la littérature médicale actuelle. Je puis lui opposer une citation de Sir James Pajet :

« Beaucoup de malades viendront vous demander conseil au sujet des rapports sexuels, s'attendant à ce que vous leur recommandiez la vie large . . . . . . . . . . . La chasteté ne nuit pas plus à l'âme qu'au corps. Sa discipline est préférable à toutes les autres. L'attente est possible quand on se console avec le respect de soi-même. Parmi les nombreux névropathes et hypocondriaques qui se sont entretenus avec moi sur les relations immorales, je n'en n'ai pas entendu un seul dire qu'il s'en fût trouvé mieux portant et plus heureux [1]. »

Mon expérience personnelle concorde absolument avec celle de Paget. Autant je me garderais de conseiller à un don Juan de s'adonner à l'onanisme, autant je me garderai d'essayer de guérir la masturbation par des relations impures. Sous ce rapport, G. de Geijerstam est beaucoup trop instruit pour se permettre de donner des conseils à des précepteurs et à des pédagogues.

Il tombe lui-même dans l'erreur qu'il reproche à Personne, c'est-à-dire d'établir une sorte de hiérarchie dans le vice, bien qu'il le fasse dans un sens opposé. Si l'on compare en gros les inconvénients sociaux, nationaux et personnels de l'onanisme à ceux qui résultent du coït et des maladies qu'il entraîne, on voit que la balance penche beaucoup plus de ce dernier côté. M. Personne a compris bien mieux que Geijerstam l'important devoir qui incombe aux éducateurs, car le premier agit conformément aux principes de la morale actuelle et commande la domination de soi-même ; le second n'a en vue que la satisfaction des jouissances naturelles.

(1) Cité par Beale. *Loc. cit.*, p. 99.

En conséquence, il me paraît logique d'émettre
le vœu que tous les vices et toutes les aberrations
dont nous avons parlé plus haut, soient laissés à
l'appréciation du médecin et du pédagogue. Certes,
je ne veux pas amoindrir l'admirable mission du
pasteur; je sais qu'il n'est pas de plus puissants
ressorts que ceux de la religion; je crois que, pour
le triomphe de la moralité, il n'est pas de plus
puissantes armes qu'un ardent désir religieux de
rester pur selon les lois du Seigneur et que la
prière sincère demandant à Dieu de lui en donner
la force. Mais la collaboration de l'Église me paraît
cependant limitée dans cette question. Vous savez
qu'actuellement l'instruction et l'éducation des
pasteurs ne comportent aucune notion pratique de
physiologie leur permettant de comprendre une
foule d'anomalies psychologiques. Dans ces conditions peut-il être possible au clergé d'examiner
cette question sous toutes ses faces? Il arrivera
par exemple facilement qu'un pasteur, auquel un
jeune homme demandera conseil pour une des
choses dont nous avons parlé plus haut, considé-
rera déjà comme un gros péché un fait qui s'est
produit absolument contre la volonté du malade.
Si tous les ministres spirituels pouvaient reconnaître, comme l'ont fait quelques-uns d'entre eux,
que, dans ces questions, c'est au médecin à prendre

le premier la parole, et s'ils voulaient y associer leur influence en apportant à ceux qui nous demandent conseils, des arguments spirituels capables de les fortifier dans la lutte contre leur dangereux adversaire, une telle collaboration serait assurément la meilleure chose à souhaiter pour le bien de la jeunesse.

Nous serions tentés maintenant d'exposer longuement tous les remèdes et toutes les règles de conduite à suivre pour sauver la jeunesse de la masturbation; mais cet exposé serait beaucoup trop long; je me contente donc de dire, d'une façon générale, tout ce qu'exige la santé du corps et de l'âme des jeunes gens, pour contribuer à combattre ce vice. Une vie alerte, hygiénique, avec beaucoup d'exercices de corps[1]; ne pas rester trop longtemps assis, nourriture tonique, mais pas échauffante; être sobre de plaisirs qui excitent l'imagination; lit assez dur (pas d'oreillers!); couvertures fraîches; lever matinal; ablutions froides et autres moyens de ce même genre, tels sont les grands traits d'un traitement préventif ou curatif.

Sous le rapport psychique, l'élément le plus

(1) Un médecin américain raconte que les enfants des Indiens ne se masturbent pour ainsi dire jamais (Beard et Rockwells *Sexuelle neurasthénie*. Vienne 1885, p. 65); et le docteur H. Weber, dans un rapport sur les Écoles anglaises, fait observer que ce vice est beaucoup plus rare que sur le continent; il attribue ce fait à a prépondérance des exercices physiques en Angleterre.

important est la confiance des jeunes gens en
leurs parents; et, de la part de ceux-ci, des éclair-
cissements raisonnables, progressifs, sur les organes génitaux, leur but et leur hygiène.

## Pollutions.

Le jeune homme pubère et l'homme mûr qui
n'ont pas de rapports sexuels réguliers, ne seront
que bien rarement exempts de pertes séminales
involontaires pendant la nuit (pollutions). Quand
celles-ci ne se répètent pas trop souvent, elles ne
doivent pas être considérées comme dangereuses ni
même comme malsaines. On doit plutôt voir en
elles une voie naturelle par laquelle l'organisme se
dégage d'un trop-plein incommode.

Il est bien difficile de fixer dans quelles limites
ces pollutions peuvent se répéter sans inconvénients
pour la santé. Quand elles ne reviennent pas plus
souvent que tous les dix ou quatorze jours, on n'a
pas à s'en préoccuper. Même s'il arrivait que le len-
demain, le sujet se trouvât fatigué, un peu plus en-
dormi, plus paresseux qu'à l'ordinaire, cela n'aurait aucune importance. La nature sait rétablir
rapidement l'équilibre momentanément rompu par
ces pertes séminales.

Ces dernières peuvent survenir d'une façon
absolument involontaire. L'influx nerveux néces-

saire à cet acte peut partir de la moelle et y revenir par un mécanisme purement réflexe, sans que les centres de représentation ou de la volition y prennent la moindre part. En ce sens, elles sont donc absolument indépendantes de la volonté des personnes qui en sont l'objet et elles peuvent même se produire contre leur volonté. Il faut pourtant se rappeler que celui-là seul sera complètement innocent qui se sera appliqué sans relâche à dominer ses pensées sexuelles. Quand, dans la journée, on se complaît dans des idées érotiques, et que l'on se meuble l'esprit d'images sexuelles suscitées par une littérature immorale, on doit en grande partie s'en prendre à soi-même si ces pollutions reviennent assez fréquemment pour altérer la santé et les forces. Sous ce rapport, la jeunesse studieuse est plus mal partagée que celle qui travaille de corps. Chez les premiers il est impossible, malgré l'hygiène la mieux comprise et le sacrifice personnel des jeunes gens à leurs convictions morales, d'abaisser le taux des pollutions nocturnes à celui des jeunes gens des classes ouvrières. Les soins physiques et moraux nécessaires à la régularisation de ce phénomène naturel ressortent clairement de ce qui a été dit plus haut. Les cas particuliers sont naturellement réservés à l'appréciation personnelle du médecin.

### Pédérastie.

Je ne puis terminer ce chapitre sans parler des aberrations de l'instinct génital, bien que leur énumération et leur description répugnent grandement à nos sentiments. Je veux parler de ces perturbations dans la vie du corps et de l'âme, que l'on a appelées instincts pervers, contre nature, et qui se manifestaient d'une façon particulièrement fréquente dans l'antiquité sous le nom de « pédérastie ». Cette dernière variété d'appétits immondes constitue pour le législateur et l'aliéniste la forme la plus importante d'aberration. On la divise en « active » et « passive ». Dans la première, le sujet cherche à remplacer la femme par un homme ou un adolescent.

### Histoire des empereurs romains.

L'histoire démontre que les Grecs, et même la plupart de leurs grands hommes, s'adonnaient à ce vice monstrueux. Les poètes satiriques romains nous ont appris aussi que cette passion était répandue parmi le peuple romain, au temps de sa décadence. Il sera peut-être très instructif pour vous, messieurs, d'être éclairés par le flambeau de la médecine sur une partie de l'histoire universelle ; je choisirai à cet effet le temps des empereurs romains. Mais je ne vous les représenterai pas en statues de marbre, telles que les ont sculptées nos grands artistes. Leur puissant génie a légué à la postérité, par des prodiges d'art et de souplesse, des œuvres aussi remarquables par leur réalisme vivant que par les ornements qui les idéalisent : ce sont les hommes faits de chair et de sang que je veux vous peindre.

« On trouve là les formes d'anomalies sexuelles les plus complexes, développées dans les conditions les plus favorables. Les prédispositions congénitales, leur éducation vicieuse, la démoralisation de leur entourage, en un mot, tout favorisait l'éclosion des formes les plus bizarres d'anomalies génitales, souvent mêlées les unes aux autres. Pourtant, en lisant attentivement les portraits des personnages marquants que nous ont tracés avec tant de talent les écrivains de leur époque, on arrive à distinguer dans l'ensemble de leurs traits les caractères particuliers qui répondent aux types principaux de perversité sexuelle que nous avons établis.

« De Jules César à Dioclétien, l'histoire nous dépeint une série de sujets pathologiques aussi intéressants qu'instructifs au point de vue génital[1].

(1) Tarnowsky. *Les manifestations morbides du sens génital.* Berlin, 1866, p. 93.

Jules César était lié à Marius, le vainqueur des Cimbres et des Teutons, qui succomba des suites de l'alcoolisme. On sait que César était atteint d'épilepsie et que ses instincts génitaux étaient fortement développés; ses nombreuses aventures galantes en sont la preuve[1]. »

« Il était si bien connu sous ce rapport, que ses soldats chantaient des chansons satiriques à son sujet et que Cicéron composa des épigrammes qui étaient répandues partout. Quand, plus vieux, il fut devenu impuissant, il se transforma en pédéraste passif; c'est pourquoi « *Curio pater quædam eum oratione omnium mulierum virum et omnium virorum mulierem appellat*. » Auguste eut de nombreuses relations illicites et fut longtemps séparé de sa femme; mais ses amis l'excusaient en disant que ce n'était pas par passion qu'il menait cette conduite, mais parce qu'il pouvait mieux connaître par les femmes les plans de ses ennemis. Il n'en eut pas moins le front, sur son lit de mort, de faire ses adieux à sa femme en ces termes : « Souviens-toi toujours de notre heureuse union ! »

(1) On trouvera les sources auxquelles nous avons puisé ces renseignements et ceux qui vont suivre touchant l'histoire romaine dans : *C. Suetonii Tranquilli quæ supersunt omnia rec.* (C. H. Both. Lips. 1862). *Petronii arbitri satyrdrum reliquiæ en recens. Francisi Buccheleri. Berolini* 1872; *les Annales de Tacite; les écrits de Juvénal, de Martial,* etc...

Tibère était buveur; de là son surnom de Biberius. Sa vie montre en lui le véritable type de l'homme dégénéré au point de vue moral, qui se termine dans l'annihilement des facultés mentales. Pendant son séjour à Capri, il se distingua par des traits de cruauté qui sont si souvent la conséquence de la perversité sexuelle. C'est par monceaux que l'on sortait de la maison de ce fou tyrannique, pour les porter aussi loin que possible, des cadavres de jeunes filles et de garçons que l'on avait martyrisés jusqu'à la mort.

Caligula se rapprochait du précédent par sa nature. Les troubles de son système nerveux l'entraînent dans les aberrations sexuelles. Les mariages succèdent rapidement aux séparations; finalement il tombe dans la pédérastie.

Claude était ivrogne et pouvait invoquer, comme circonstance atténuante de ses extravagances sexuelles, son mariage malheureux. Néanmoins on reconnaît dans les cruels supplices qu'il imagina lui-même pour les criminels, et dans les combats mortels qu'il fit livrer aux gladiateurs, les traits pathologiques qui rappellent sa race et ses prédécesseurs.

Néron était atteint d'une disposition nerveuse héréditaire. Il réunissait des passions sexuelles innées à une éducation vicieuse et un certain degré de culture; c'est pourquoi il élargit le cercle de ses divagations maladives. Il commence par outrager Messaline, puis il fait châtrer Sporus, célèbre par des fêtes son accouplement avec lui, et provoque par là cette exclamation bien connue : « *Bene agi potuisse cum rebus humanis si Domitius pater talem habuisset uxorem.* » Il maltraitait ses mignons avec la cruauté la plus raffinée, en même temps qu'il se livrait, comme pédéraste passif, à un affranchi... et autres extravagances innombrables que nous taisons.

Galba et Vitellius étaient également pédérastes; Vespasien était ivrogne et libertin; Titus alliait la luxure à la cruauté. Pour ne pas nous arrêter aux particularités de toute la série des empereurs qui leur succédèrent, disons seulement que l'amour d'Adrien pour Antoine n'était nullement platonique. L'humeur capricieuse si commune chez les pédérastes actifs se manifestait souvent aussi chez cet empereur. Un de ses contemporains le dépeint en ces termes : « Chez lui, le bien alterne avec le mal; faible à certains moments, il redevient, à d'autres, d'une cruauté inexplicable, compatissant mais irritable et rancunier. Le vice alterne chez lui avec le remords; la bonne volonté envers ses semblables, avec un égoïsme maladif; l'équité, avec la bestialité. »

« Les contrastes de ce genre dans le caractère d'un même individu, qui étaient assez frappants chez lui pour avoir attiré l'attention des historiens, ces contrastes, dis-je, répondent parfaitement aux produits pathologiques de la dégénérescence psychique...

« Dans ce chaos d'excentricités sensorielles, les types pathologiques gardent cependant toute leur pureté, et frappent par l'uniformité de leurs manifestations. Dans sa toute-puissance, l'empereur romain présente les mêmes écarts dans son activité génitale qu'un sujet de notre époque qui n'a jamais entendu parler des Romains ni de perversion sexuelle [1]. »

### Opinion des auteurs modernes.

Quand nous traitons des questions comme celle qui nous occupe en ce moment, nous devons nous souvenir, nous contemporains du XIX$^e$ siècle, que ces manifestations insolites ne doivent être considérées que comme des symptômes d'une perturbation psychologique en voie d'évolution ou définitivement établie. Je ne veux pas perdre votre temps en vous conduisant dans des détails qui intéressent plutôt l'aliéniste ou le législateur, mais je désire

(1) Tarnowsky. *Loc. cit.*, p. 95-96.

vous faire remarquer que la pédérastie, comme
d'autres aberrations de ce genre, est quelquefois
l'expression de psychoses congénitales, de l'épilepsie, de la démence sénile, etc. Pour la grande majorité des hommes qui s'occupent d'hygiène et de
morale plus que de spécialités médicales, la pédérastie acquise et les formes qui s'en rapprochent
ont la plus haute importance.

De beaux esprits, comme Aug. Strindberg, ont
cherché à persuader à leurs contemporains que ces
vices n'étaient que la conséquence de l'empêche-
ment des rapports sexuels naturels. Mais dans une
société libre, un tel mode d'évolution est exceptionnel. Par contre, on rencontre beaucoup plus
souvent d'autres causes au sujet desquelles j'em-
prunte les idées de quelques hommes compétents.
« Chez les personnes sensuelles, il n'est pas rare
qu'à un moment donné de leur existence, les fonctions génitales soient le but principal de leur vie...
Mais quand un de ces sujets a perdu la plus grande
partie de ses années dans des rapports constants
avec les femmes, qu'il ne s'intéresse à rien d'autre
qu'à ses fonctions génitales, et qu'à la suite d'excès
répétés, d'abus du plaisir ou d'autres causes encore,
il s'aperçoit que sa force génitale commence à fai-
blir alors que la violence de ses passions reste toujours égale, il cherche quelquefois dans la pédé-

rastie passive un nouvel instrument de plaisirs[1]. »

Un autre savant écrit à ce sujet : « Les vieux viveurs constituent une autre catégorie de pédérastes. Saturés de jouissances sexuelles normales, ils cherchent dans ce vice le moyen d'exciter leur volupté. Ils arrivent par là à relever momentanément leur puissance psychique et génitale déchue...

« Ces sortes de pédérastes sont de beaucoup les plus dangereux, parce qu'ils ont généralement l'habitude de se servir de jeunes garçons qu'ils perdent corps et âme[2]. »

Un fonctionnaire supérieur de la police de Paris a été conduit dans l'exercice de ses fonctions à formuler une opinion semblable[3].

Il semble que tout homme sain devrait se détourner avec douleur et avec horreur de ces sombres quartiers de la vie où les infâmes débauchés se vautrent dans l'obscurité de la nuit. Et pourtant ce n'est malheureusement pas le cas. Le philosophe Schopenhauer, qui avait fait autrefois de la parenté de la pédérastie avec la vieillesse et la caducité, ses méditations ordinaires, ce philosophe ne peut s'habituer à laisser ces aberrations ce qu'elles sont, c'est-à-dire un état maladif et une

(1) Tarnowsky. *Loc. cit.*, p. 67-68.
(2) Krafft-Ebing. *Psychopathia sexualis*, 1868, p. 106.
(3) Carlier. *Les Deux Prostitutions*. Paris, 1887, p. 467.

perversion des mœurs. Dans son système, il s'élève avec violence contre cette manière de voir. C'est pourquoi il prétend que la nature, beaucoup plus préoccupée de la conservation de l'espèce que de 'individu, aurait choisi elle-même la pédérastie comme moyen de dérivation; elle éviterait ainsi l'affaiblissement de l'espèce en empêchant que des pères trop vieux ne procréent des êtres débilités[1]. Les dommages dus à cette passion sont, à son avis, bien moins grands que ceux qu'elle évite. La réalité est assurément en opposition avec les idées de l'excentrique philosophe. Tout d'abord, il n'a aperçu qu'un côté de la question, la forme sénile, et encore n'a-t-il pas vu que cette forme, comme l'autre, est une calamité pour le genre humain, parce que les êtres qui sont entachés de ce vice se servent de jeunes individus dont ils sacrifient la santé et la puissance virile à leurs instincts inavouables.

Les auteurs de la nouvelle école n'ont naturellement pas laissé échapper ce sujet. Nous avons déjà indiqué la description qu'en donne Strindberg dans l'histoire de *Dygdens lön*. Le même auteur a fait encore l'exposé de la pédérastie dans la société moderne; et bien qu'il se perde dans

(1) *Le Monde comme volonté et comme représentation*, trad. fr. de A. Burdeau, Paris, Alcan, 1890, t. III, p. 372 et suivantes.

des phrases souvent obscures, son ouvrage donne
cependant l'impression qu'il n'a aucune idée saine
ni sur le côté physique ni sur le côté moral de la
question [1].

Ola Hanson s'essaye aussi dans ce genre. Il veut
bien reconnaître « qu'un accouplement de ce genre
a, dans toute sa grossièreté sensuelle, quelque
chose de vulgaire, et que c'est une insanité » ; mais
il fait ensuite une description qui tend à démontrer
qu'un homme peut éprouver pour un autre un
sentiment intime qui ne répond nullement à une
idée sensuelle plus ou moins grossière, et qui
cependant soit un sentiment tout autre et beaucoup plus profond que la simple amitié [2]. Quand
on lit en même temps, que l'objet de ce sentiment
exalté est un jeune garçon de café, un homme un
peu expert en la matière ne peut se soustraire à
un sentiment de méfiance ; il est tenté de conseiller
sérieusement aux héros de Hanson de ne plus
considérer ce sentiment comme un phénomène
psychologique, mais de le combattre avec la plus
ferme énergie, comme le début d'un état psycho-
pathique.

Plusieurs auteurs, bien qu'ayant des idées

(1) Giftas. II. *Histoire Den brottsliga naturen.*
(2) *Loc. cit.*, p. 85, 88.

fort divergentes, se sont élevés avec raison contre le nombre croissant des mauvais traitements dont les jeunes filles sont l'objet et contre les attentats qui ont été dirigés contre elles. C'est une singulière remarque à faire, mais la plupart de ces délits ont été commis sur des filles mineures. Tardieu a relevé en France 4,360 attentats dirigés sur des femmes âgées de plus de quatorze ans, alors que le nombre de ceux dirigés contre des enfants au-dessous de cet âge, n'atteignait pas moins de 17,557.

Les auteurs de médecine légale, Casper et Liman de Berlin ont constaté qu'en Prusse, les attentats commis contre les enfants appartenant à cette dernière classe, formaient 84 p. 100 de la totalité des attentats [1]. Pour juger de ce fait étrange, il ne faut pas oublier qu'il faut en chercher la cause dans un état pathologique. Les idiots, les faibles d'esprit et les individus dont le grand âge a affaibli les facultés, se livrent souvent à ce genre de commerce; il en est de même des débauchés blasés qui cherchent à exciter leurs sens par des moyens extraordinaires et contre nature. En Suède, ces monstruosités ne sont pas rares parce que les délinquants vivent encore sous l'influence de cette

---

[1] *Real-Encyclopædie der med. Wiss.* II, p. 98 et suivantes.

idée superstitieuse qui leur a été transmise d'âge en âge, que l'on pouvait guérir d'une maladie vénérienne rebelle en la transmettant à une vierge ; et pour plus de sécurité, ils prennent une enfant. L'instinct génital naturel, même quand il est exceptionnellement déréglé, ne s'attaque que rarement aux mineures.

Krafft-Ebing nous paraît être dans le vrai quand il résume ses idées touchant ces faits en ces termes :

« La statistique criminelle nous conduit à ce triste résultat que les délits sexuels augmentent continuellement dans la société civilisée moderne. Le moraliste ne voit dans cette navrante constatation qu'un abaissement de la moralité publique ; et ses réflexions l'amènent à conclure que l'extrême indulgence des législateurs actuels pour les délits sexuels, comparativement à ceux des siècles derniers, est en partie responsable de cette déchéance de nos mœurs.

« Le médecin qui cherche à s'expliquer ces faits arrive à la conviction de plus en plus ferme que ces phénomènes qui se passent dans notre société civilisée sont liés au nervosisme croissant de la dernière génération ; celle-ci a produit des névropathes ; leurs facultés sexuelles ont été excitées, puis surmenées; leur lubricité n'a fait que croître, et comme en même temps leur puissance génitale a diminué, ils ont été conduits à la perversion sexuelle...

« Jusqu'à présent la jurisprudence, dans ses lois et dans ses ordonnances, ne paraît pas avoir tenu grand compte de ces faits psycho-pathologiques...

« Ceci nous explique pourquoi il arrive si facilement à la justice de punir avec la dernière sévérité un individu qui est plus dangereux pour la société qu'un meurtrier ou un animal sauvage, et de lui rendre sa liberté une fois sa peine purgée, alors que le délinquant qui était d'abord un dégénéré psychique et physique eût dû être mis pendant toute sa vie dans l'impossibilité de pouvoir nuire à la société, mais sans jamais être puni [1]. »

L'histoire nous montre à plusieurs reprises comment des mœurs perverses ont pu entraîner des peuples à leur ruine. Ainsi la race grecque, si admirablement douée, perdit sa force et sa beauté au bout de quelques générations, après qu'elle eut abandonné la simplicité de ses mœurs qui faisait sa force.

Quand saint Paul veut montrer à ses disciples que le paganisme arrive à la fin de son existence, et qu'il faut quelque chose de nouveau pour le

______

(1) *Psychopathie sex.* 1868, p. 94-95.

sauver, c'est avec raison à la dépravation de leur vie génitale qu'il s'en prend : « car les femmes, parmi eux, ont changé l'usage naturel en un autre qui est contre nature. De même aussi les hommes, délaissant l'usage naturel de la femme, ont été embrasés dans leurs convoitises les uns pour les autres, commettant homme avec homme des choses infâmes et recevant en eux-mêmes la récompense qui était due à leur égarement [1] ».

### Mariages médicaux.

Dans ce qui précède, je suis revenu à plusieurs reprises sur le nervosisme sexuel. Avant de terminer ce sujet, je tiens à rappeler que le public, comme d'ailleurs certains médecins, croit devoir combattre cet état en conseillant le mariage. C'est une faute, et une dangereuse faute. Je sais parfaitement que différentes personnes ont pu, par des rapports sexuels réguliers, recouvrer leur santé un moment ébranlée ; mais je sais aussi qu'un nombre beaucoup plus considérable d'individus ont vu leur état s'aggraver par ce fait.

En dehors du côté physique et hygiénique, on doit pourtant se préoccuper aussi du côté psychique. Or, sous ce dernier rapport, il est indispensable

_______________

(1) *Epître aux Romains*, I, 26-27.

qu'un mariage ne se fasse que lorsqu'il y a sympathie absolue et homogénéité des caractères entre les deux contractants ; leur bonheur futur en dépend. Quand un névropathe a reçu de son médecin le conseil de se marier, il le prend généralement très à cœur, et s'empresse d'ordinaire d'exécuter l'ordonnance. Pour ne pas s'exposer à un refus ou attendre trop longtemps, il descend fréquemment assez bas dans l'échelle sociale, pour qu'il n'ait même plus à redouter un refus. Je pourrais citer des exemples d'hommes qui, rentrés droit chez eux, ont offert leur cœur et leur main à leur femme de ménage, et se sont mariés avec elle. Pendant une année ou deux, leur nervosisme s'est amendé, mais tôt ou tard ils sont retombés dans leur ancien état, soit par défaut de sympathie de la part de leur épouse, soit par suite des désagréments et des soucis que leur avait occasionnés la rupture avec leur famille, soit enfin pour des raisons pécuniaires ou autres.

Pour ma part, je ne recommande jamais le mariage ; j'essaye de faire luire chez ces malades l'espoir qu'ils pourront un jour se réjouir du bonheur conjugal ; seulement je leur fais comprendre en même temps que ce bonheur dépend de conditions beaucoup plus difficiles à remplir qu'on ne le croit communément.

## Maladies vénériennes.

J'arrive maintenant à un autre sujet, à celui des maladies vénériennes. Ce sujet me rappelle une promenade que je fis un jour avec deux de mes condisciples de l'université de Lundagard. Nous causions sur ce sujet. « Ne devrait-on pas, dit un de mes compagnons, faire des suites de ces maladies une description si effrayante que la jeunesse préfère ne plus s'y exposer ? — Ce serait peut-être possible, répondis-je, mais il n'est pas sûr que ce soit opportun ; car nous médecins, nous aurons aussi à lutter contre le désespoir des malheureux jeunes gens qui sont ou se croient atteints de cette affection, et à ce point de vue il est préférable que ses suites n'aient pas été dépeintes avec des couleurs trop sombres. »

Je rappelle cette anecdote, en ajoutant que dans ce qui va suivre je me conformerai de tout point à cette dernière manière de penser.

Parmi les maladies vénériennes, je citerai tout d'abord la chaudepisse (gonorrhée). C'est une inflammation de l'urèthre (du vagin chez la femme) due à des microbes ; elle se caractérise par un écoulemement de pus, des douleurs, une sensation de déchirure pendant la miction, etc... Bien que les véritables libertins la considèrent comme une bagatelle, elle peut cependant entraîner des suites fort graves. Tout d'abord cette affection peut être très rebelle, et persister longtemps malgré le meilleur traitement. De plus, elle peut provoquer l'inflammation de l'épididyme, un rhumatisme blennorrhagique accompagné de vives douleurs qui peuvent tourmenter le malade pendant de longues années. Il en résulte quelquefois de dangereux rétrécissements de l'urèthre; le virus inoculé accidentellement à l'œil peut le détruire complètement. Dans le mariage, après que la chaudepisse paraissait éteinte chez l'homme depuis longtemps, elle peut devenir chez la femme l'origine de graves affections abdominales qui durent quelquefois toute la vie (inflammation des trompes, salpingite). Elle peut réapparaître à un âge avancé sous forme de lésions des voies urinaires, et par son incessant processus inflammatoire, affaiblir assez les organes génitaux de l'homme pour les prédisposer à l'infection tuberculeuse, etc... Bien des jeunes gens sont voués de cette façon, dès leur jeunesse, à une tuberculose génitale qui ne se serait pas manifestée si l'uréthrite et une épididymite n'avaient ouvert la porte à cette infection.

Notre attention doit se fixer ensuite sur le chancre simple (ulcus venereum simplex). Ce dernier n'est pas difficile à guérir par lui-même; mais il n'est pas rare qu'il s'accompagne de complications très sérieuses qui consistent en adénites persistantes (bubons suppurés et strumeux), de même qu'en ulcères parfois très difficiles à guérir (ulcérations phagédéniques); ces derniers constituent une affection de très longue durée et dont le traitement peut parfois nécessiter des interventions très douloureuses.

On peut opposer la syphilis à toutes ces variétés de maladies vénériennes. Elle n'est jamais uniquement locale, mais toujours constitutionnelle; bien que ses symptômes ne se montrent que dans tel ou tel organe, on peut dire qu'elle a toujours pénétré l'organisme dans tous ses tissus et ses liquides. On croit que la syphilis est due à un bacille, à un microbe, mais on n'en est pas encore bien sûr. Dans ce cas, ce serait un bacille d'une extrême vitalité, un microorganisme dont on pourrait affaiblir l'action, que l'on pourrait en quelque sorte paralyser, mais jamais complètement anéantir avec les moyens thérapeutiques mis en usage jusqu'à ce jour. Bien qu'il y ait sans aucun doute de nombreux cas de syphilis légère, le mot d'un médecin anglais n'en demeure pas moins exact : « Syphilis once, syphilis ever ». Les individus qui auront cru leur maladie guérie et qui n'auront pas eu d'accidents pendant plusieurs dizaines d'années, peuvent acquérir à un âge plus avancé, par telle ou telle forme de syphilis, la triste conviction que le virus n'est pas encore complètement éteint en eux.

Si vous me demandez comment la syphilis se manifeste, je ne pourrai vous donner ici qu'une bien rapide esquisse, car une description, si incomplète qu'elle fût, nous demanderait beaucoup trop de temps. Elle se présente d'abord sous forme d'une érosion dont le fond est induré (sclérose primitive) qui est la porte d'entrée de la maladie ; plus tard, on voit survenir des éruptions de formes variables sur la peau et les muqueuses ; les cheveux tombent, le système osseux devient le siège d'ulcérations des plus variées. Des tumeurs ou autres modifications se produisent dans le foie, dans le cerveau et dans la moelle, le testicule se gonfle, etc... Dans ce court aperçu, je n'indique que les manifestations les plus fréquentes de la maladie ; on peut dire que tous les organes du corps peuvent prendre part, à un moment donné, à l'infection syphilitique. Mais ce ne sont là encore que des symptômes particuliers, les suites immédiates de la syphilis. Or la syphilis entraîne avec elle toute une série de conséquences *médiates*, c'est-à-dire qu'elle peut prédisposer l'organisme à

11.

d'autres affections, et parmi ces dernières, il faut mentionner en première ligne les troubles de la moelle (tabes dorsalis) et la paralysie générale progressive.

En ce qui concerne les maladies qui sont occasionnées plus ou moins directement par la syphilis, leur bilan n'a pas encore été établi. Plus la médecine avance, plus il se complète. Vous voyez déjà, d'après ce qui précède, que la syphilis peut être grave; je pense que pour vous rendre mieux compte de ses dangers, vous préféreriez les voir exprimés par des chiffres; je ne puis malheureusement pas vous donner une statistique de ce genre. La mortalité accusée par les hôpitaux est toujours en dessous de la vérité, parce que les malades y sont généralement soulagés et qu'ils quittent ensuite l'établissement, emportant avec eux leur affection à l'état latent pour ainsi dire. La statistique portant sur la mortalité de la totalité d'une population n'a pas de valeur non plus à cet égard, parce que la mort peut survenir à la suite d'une affection secondaire qui peut être due elle-même à des causes diverses. Je me contenterai donc de vous fournir des renseignements tirés de quelques compagnies suédoises d'assurances sur la vie.

Toutes avaient subi des pertes dues à l'abréviation de la vie provoquée par la syphilis; aussi ont-elles

décidé d'augmenter de trois ans l'âge de tout individu qui se déclare syphilitique, et encore ne con-
sentent-elles à assurer leur client que s'il est prouvé
que la syphilis, acquise depuis au moins dix ans,
s'est montrée de forme bénigne pendant cette
période, qu'elle a été traitée convenablement, qu'il
ne s'est pas déclaré d'accidents depuis quelques
années, et enfin que celui qui en est atteint mène
une vie réglée. Les individus, atteints de formes
graves, récidivantes et ceux qui ne remplissent pas
les conditions exigées ci-dessus sont, ou bien catégoriquement refusés, ou bien acceptés seulement
avec une surcharge considérable du nombre de
leurs années. Ainsi les compagnies d'assurances,
qui n'envisagent la question qu'à un point de vue
purement commercial, estiment que les syphilis
légères abrègent la vie de trois années, et que les
formes graves l'abrègent de bien plus encore.

La syphilis présente une autre particularité ; elle
ne se contente pas de demeurer chez celui qui en
est atteint, mais dans certaines circonstances, elle
devient héréditaire et vient entacher les descendants de celui qui en était affecté. Il existe donc
une syphilis héréditaire qui peut aussi bien provenir du père que de la mère. Les manifestations de
la syphilis héréditaire ne se différencient pas beaucoup de celles de la syphilis acquise. Pourtant,

sans compter la syphilis même qui a été transmise par les parents, les enfants sont encore affligés d'autres lésions, par exemple de scrofule, de rachitisme, de maladies des yeux ou des oreilles, etc... La faiblesse et la débilitation importées dans une famille par la syphilis ne disparaissent quelquefois qu'à la troisième ou à la quatrième génération.

Il me paraît intéressant de comparer la fréquence de la syphilis dans notre pays avec celle des pays étrangers[1]. Dans cette statistique, on ne peut naturellement reproduire que les chiffres officiels, c'est-à-dire ceux qui répondent aux malades traités dans les hôpitaux. Ce calcul montre que dans ces dernières années, on a soigné pour la syphilis :

| | |
|---|---|
| En Suède. . . . . . . | 0,78 0/00 des habitants |
| En Norvège. . . . . . | 1,27 0/00 — |
| En Finlande . . . . . | 1,43 0/00 — |
| En Danemark 1886-87. | 0,60 0/00 — |

Cette proportion minime pour la Suède a fait supposer que beaucoup de malades se faisaient soigner chez eux[2]. Je ne crois pas que ce soit le

---

(1) D'après les données du D\u02b3 J. Carlsen. Traduction danoise de ce travail.

(2) D'après d'autres statistiques, H. Wicksell conclut dans son ouvrage intitulé *Om prostitutionen*, que sur les personnes qui désiraient s'assurer sur la vie, 9/10 d'entre elles avaient été

cas. Les hôpitaux ont tellement augmenté dans ces vingt dernières années, et leur clientèle s'est tellement accrue, que je crois au contraire que chez nous les malades qui se font soigner dans des établissements publics sont comparativement beaucoup plus nombreux que dans d'autres pays.

Il est encore une autre statistique qui prouve les avantages de la Suède sous ce rapport.

Il a été traité annuellement pour la syphilis :

Dans l'armée suédoise. . . .   13,8 0/00 des troupes
—      finlandaise. . .   31,4 0/00     —
—      anglaise[1]. . . .   81,0 0/00   —
—      danoise[2]. . . .   2,2 0/00     —

Comme il n'est peut-être pas sans intérêt de connaître les variations de la syphilis selon les âges, et surtout de connaître les différentes causes de sa propagation, je me permets de vous soumettre le tableau suivant :

atteintes de syphilis. Wicksell espère que cette proportion est exagérée ; je puis, en ma qualité de médecin d'assurances, affirmer qu'elle l'est en effet. Si l'auteur avait dit 1/10 au lieu de 9 sur 10, il eût été plus près de la vérité.

(1) Eira, 1888 N. 2.

(2) Le chiffre notablement inférieur donné pour le Danemark (d'après G. Carlsen) tient à ce que la proportion a été calculée sur la totalité des hommes préposés à la défense du territoire, et non comme pour les autres pays sur ceux en activité de service.

| ANNÉES | héréditaire | SYPHILIS transmise pendant l'allaitement | transmisé par d'autres voies | par le coït |
|---|---|---|---|---|
| 1867. . . . . | 191 | 70 | 331 | 1 093 |
| 1868. . . . . | 135 | 65 | 306 | 2 087 |
| 1869. . . . . | 131 | 70 | 432 | 2 955 |
| 1870. . . . . | 153 | 96 | 502 | 2 626 |
| 1871. . . . . | 127 | 87 | 426 | 2 265 |
| 1872. . . . . | 149 | 84 | 432 | 1 850 |
| 1873. . . . . | 116 | 69 | 371 | 1 417 |
| 1874. . . . . | 113 | 30 | 337 | 1 312 |
| 1875. . . . . | 98 | 67 | 229 | 1 342 |
| 1876. . . . . | 89 | 45 | 276 | 1 310 |
| 1877. . . . . | 97 | 40 | 252 | 1 116 |
| 1878. . . . . | 83 | 40 | 259 | 1 447 |
| 1879. . . . . | 90 | 28 | 234 | 1 829 |
| 1880. . . . . | 85 | 38 | 193 | 1 903 |
| 1881. . . . . | 103 | 65 | 177 | 1 903 |
| 1882. . . . . | 183 | 31 | 170 | 1 980 |
| 1883. . . . . | 90 | 29 | 196 | 2 015 |
| 1884. . . . . | 92 | 43 | 218 | 2 016 |
| 1885. . . . . | 86 | 71 | 182 | 1 533 |
| 1886. . . . . | 63 | 24 | 185 | 1 430 |
| En somme . . . | 2 286 | 1 092 | 5 698 | 36 029 [1] |

Un coup d'œil jeté sur cette table nous donne
des renseignements instructifs. Tout d'abord nous
voyons que la syphilis a une tendance, malgré des
recrudescences fortuites, à diminuer lentement.
Cette opinion trouve sa confirmation dans les trois
premiers chiffres de la colonne des syphilis héré-

(1) Tiré des statistiques officielles suédoises. *Gesundheits-und
Krankenpflege*, 1867-1886.

ditaires. Les cas dans lesquels la maladie a été transmise par la nourrice au nourrisson ou réciproquement, deviennent de moins en moins nombreux dans ces vingt dernières années. Toutes ces formes, qui constituent un peu plus du 1/5 ou des 20 p. 100 de la totalité des cas, peuvent être considérées comme des « syphilis innocentes »; ce sont celles qui n'ont pas été acquises par un commerce illégitime, mais qui ont frappé par d'autres voies leurs victimes. Parmi les autres cas, il en est assurément beaucoup dans lesquels un des époux a transmis la maladie à l'autre, par le coït.

La statistique précédente nous apprend ensuite que les établissements publics traitent chaque année 464 malades atteints de « syphilis imméritée »; or, c'est un groupe de malades dont les statistiques officielles paraissent annoncer un chiffre trop bas; cela tient assurément à ce que d'une part les malades qui savent ne pas s'être exposés à la vérole, ne pensent à la possibilité de cette affection qu'en dernier lieu, et d'autre part à ce que les médecins qui savent que ces malades prennent toutes les précautions possibles pour ne pas répandre leur affection, préfèrent les soigner chez eux.

L'histoire de la syphilis est bien particulière. On ne connaît pas son origine. Il est au moins dou-

teux qu'elle nous ait été transmise par l'antiquité ;
on sait au contraire qu'elle commença à sévir avec
violence après 1493. La syphilis et la crainte d'en
être atteint ont modifié la vie humaine de bien des
façons ; or, avant que cette influence se fût fait
sentir, il a bien fallu qu'elle fît des ravages.

Si on ne se rappelait ce que nous venons de
dire, on ne pourrait comprendre la place prépon-
dérante que prennent sa prophylaxie et son traitement dans la législation de certaines nations.

Quand la syphilis faisait son apparition dans un
pays, et qu'elle affectait surtout les classes inférieures, elle se répandait avec une rapidité énorme,
et comme les malades ne se soignaient pas et qu'ils
n'avaient d'ailleurs aucune notion sur le mal dont
ils étaient atteints, on voyait survenir les accidents
les plus graves. Cette affection était désignée par
des noms populaires qui variaient avec les pays ;
ainsi, elle était connue sous le nom de *radesyge*
en Norvège, de *saltfluss* en Suède. Pour vous
montrer la force de propagation de cette maladie,
je vous dirai que les recherches faites dans une
certaine contrée du sud de l'Europe relevèrent
14,000 cas de syphilis, dont 6,000 cas graves, sur
une population de 39,000 âmes [1].

(1) *Nouveau Dictionnaire de médecine et de chirurgie*, **XXXIV**,
p. 598 et suivantes.

## Mesures prises contre les maladies vénériennes en Suède.

Bien qu'en Suède la vérole n'ait jamais sévi avec une telle fréquence, les cas de contagion ont été assez nombreux pour attirer l'attention de l'autorité. C'est pourquoi nous avons à constater une série de mesures prophylactiques édictées depuis le commencement de ce siècle. Ainsi, pour faire disparaître cette calamité, le peuple suédois s'est imposé un impôt personnel (dit Kurhusafgift, c'est-à-dire taxe des maisons de santé), qui devait être employé aux soins gratuits à donner aux syphilitiques. Cet argent a servi à ériger des hôpitaux ou des services spéciaux affectés à ces malades, etc... Des ordonnances, affiches, circulaires nombreuses ont été publiées soit par ordre du roi, soit sur l'initiative de fonctionnaires subalternes. Je crois plus pratique de ne pas vous les énumérer ni de les reproduire toutes, mais de vous donner un exposé d'ensemble qui vous fera connaître leur contenu (d'après Rabenius)[1].

Celles-ci consistent tout d'abord en ce que le préfet de police (à la rigueur un juge d'un tribunal local) a le droit d'autoriser un médecin légiste à

(1) *Handbok i Sveriges gällande färvaltningsrätt*, II. Upsal, 1871, § 56, p. 82.

procéder à un examen complet, dès qu'un cas de syphilis aura été dénoncé dans un endroit quelconque. Après examen de ce genre, le médecin doit délivrer au maire (ou à la rigueur au conseil municipal) un certificat concernant le malade en question, pour qu'il soit admis dans un hôpital par les soins de l'autorité. Le chef ou les membres de l'autorité locale ont le devoir de s'informer de temps en temps du sujet, de l'état du malade, après que ce dernier sera retourné dans son foyer, et dans le cas où il se produirait de nouvelles manifestations de la maladie, ils devraient les faire traiter énergiquement.

Un cas de contagion vénérienne se présente-t-il dans la clientèle privée, le médecin est tenu de s'entourer de tous les renseignements nécessaires pour découvrir la source de la contagion; il doit ensuite en prévenir les autorités compétentes, les fonctionnaires de la couronne, les agents de police, afin que la personne qui a transmis la maladie soit forcée de se soumettre à un examen médical. Si la personne suspecte s'y refuse, l'affaire est remise au Préfet qui doit prendre les mesures qu'il juge convenable; or, comme cette autorité a le droit d'ordonner une inspection générale, cette jurisprudence revient en somme à lui conférer le droit de soumettre de force la personne en question à l'examen de son état de santé.

Dans le même but, il est ordonné que, quand les troupes se rassemblent pour exécuter une marche, ou bien qu'elles sont cantonnées à la caserne ou au camp, les médecins examinent leurs hommes à ce point de vue. Les marchands ambulants n'ont pas l'autorisation de se rendre aux foires ou de voyager dans un endroit quelconque sans avoir obtenu un passeport de santé qui ne leur est délivré qu'après examen médical; mais depuis que l'obligation des passeports a été abolie, cette prescription ne peut plus être suivie.

D'autres ordonnances ont trait à l'examen des nourrices et des enfants qui, provenant des maternités ou d'autres établissements publics, sont confiés à des particuliers qui doivent les soigner et les élever. Les capitaines de ports doivent veiller à ce que cette maladie ne soit pas importée par des matelots, etc. Toutes ces mesures ont donné à notre peuple de grands avantages. La contagion de la syphilis s'est trouvée limitée, bien qu'elle soit encore assez fréquente pour pouvoir sévir avec violence dès que ces ordonnances seraient moins rigoureusement observées. Aujourd'hui encore, les médecins de cantons entreprennent tous les ans des voyages et visitent des centres plus ou moins peuplés où la maladie a sévi; je n'ai jamais entendu dire que la masse de la population ait considéré cette mesure de prudence comme incompatible avec la liberté individuelle ou comme offensante. Les malheureux qui sont devenus, sans qu'il y ait de leur faute, les victimes de cette maladie, sont au contraire reconnaissants des mesures que prennent les autorités.

Dans cette affaire, comme dans toutes celles du même genre, on peut poser la question de droit ou plutôt ergoter sur elle. On peut laisser entendre, par exemple, que les mesures dont nous avons parlé ne sont appliquées qu'aux classes pauvres, mais qu'elles épargnent les classes aisées, etc... Cette objection n'est vraie qu'en apparence. Dans les maisons de santé, on soigne tous les ans une quantité de jeunes hommes — et quelquefois aussi des jeunes femmes — appartenant à des familles fortunées. D'ailleurs, ces mesures ne doivent en aucune façon être considérées comme des pénalités punissant des licences antérieures, mais elles sont bien plutôt commandées par l'obligation qui incombe à l'État de préserver la société d'afflictions imméritées. Un homme rangé, marié et père de famille, n'a pas besoin d'être envoyé dans une maison de santé, alors que cela devient indispensable pour des soldats casernés, par exemple, ou pour ceux qui vivent dans les camps. Un jeune enfant doit parfois être envoyé dans un établissement public ; d'autres fois, au contraire, cette précaution est inutile. Une honnête femme peut parfaitement se soigner chez elle; il n'en est évidemment pas de même d'une fille de joie. Les syphilographes expérimentés ont pris avec raison pour règle de conduite de ne laisser se soigner chez elles que les personnes dont le caractère, la bonne volonté et les moyens inspirent assez de confiance pour qu'elles ne propagent pas leur maladie. Dans ce sens, la syphilis ne se distingue nullement des autres maladies. Un médecin peut, avec l'autorisation des autorités, soigner une variole, une fièvre typhoïde à domicile, mais un médecin ne prendra pas sur lui de laisser un varioleux dans un établissement de couture, ni un typhique dans une laiterie.

Je ne crois pas que des protestations quelconques qui auraient la prétention de s'appuyer sur le droit de la liberté individuelle puissent empêcher le moins du monde les médecins d'envoyer les malades dans les hôpitaux, et je doute même qu'elles trouvent quelque écho dans la majorité du public.

Quelques-uns de mes critiques ont prétendu que toutes les difficultés dans le traitement de la syphilis seraient aplanies si l'on voulait avoir pour principe de la traiter « comme les autres maladies contagieuses ». Malheureusement, certaines circonstances naturelles viennent mettre de grands obstacles à une manière d'agir aussi simple. Les autres maladies contagieuses (variole, fièvre typhoïde, choléra, etc...) ont des symptômes qui frappent à première vue ; elles se manifestent dès le début avec une certaine intensité ; ceux qui en sont atteints ne sont plus en état de travailler et d'avoir des rapports avec le reste de la société. Il résulte de tout cela que les malades demandent eux-mêmes à être soignés, et quand ils sont guéris on les renvoie dans leurs foyers ; on ne les laisse sortir *que lorsqu'ils ne peuvent plus contagionner leurs semblables.* Jusqu'à un certain point, les choses se passent ainsi pour les individus atteints de chaudepisses et de chancres simples. Quand ces malades sont sur le point de quitter l'hôpital, le médecin est en droit d'exiger qu'ils ne soient plus contagieux pour la société. Mais, en ce qui concerne la syphilis, il en est tout autrement. Celle-ci peut redevenir contagieuse à différentes époques, et cela pendant un temps qui varie de deux à cinq ans ; mais elle ne l'est nullement pendant toute cette période. Après les périodes de santé relative, on voit en survenir d'autres qui durent plusieurs mois, et pendant lesquelles les malades sont dangereux pour tout leur entourage. Ces poussées d'aggravation ne se manifestent pas toujours par des symptômes bien marqués ; il s'ensuit que là, comme toujours, le médecin n'est appelé que quand un malade sait avoir cette maladie dans le sang, ou le craint.

Une personne vertueuse n'a aucune raison pour y penser ; d'autre part, le libertin la dédaigne et s'éloigne soigneusement du médecin, parce qu'il sait que ce dernier le ferait entrer pour un temps indéterminé dans un hôpital. Au point de vue pratique, la ressemblance de la syphilis avec les autres maladies contagieuses n'est donc que très relative.

Dans un mémoire déjà cité, Wicksell a reproché aux médecins de nos jours de se croire obligés ou autorisés à ne pas cacher le dégoût qu'ils éprouvent à soigner les individus atteints de maladies vénériennes [1]. Avec un peu plus de réflexion, Wicksell aurait reconnu que cette attitude n'est pas dirigée contre la maladie, mais seulement contre le caractère et la nature du malade en particulier. Je n'ai jamais entendu dire que les enfants syphilitiques aient été plus mal soignés que d'autres, ni qu'une honnête femme syphilisée ait eu à se plaindre de manque d'égards de la part de son médecin.

(1) *Om prostitutionen*, p. 24.

Si Wicksell voulait se donner la peine de réfléchir un instant sur le cynisme et le peu de confiance que méritent les adeptes de l'amour libre (l'auteur en donne lui-même des preuves suffisantes) [1] il s'étonnerait moins de l'attitude des médecins.

Pour trouver une autre confirmation de ce que je viens d'avancer il suffira d'étudier plus complètement les rapports de la syphilis avec le mariage [2].

### La Prostitution.

Si j'ai été assez heureux, messieurs, pour gagner dans ce qui précède vos suffrages et celui de nos contemporains, sans de trop fortes protestations, je crains que cela me soit plus difficile dans la question spéciale que nous allons traiter maintenant : la prostitution. Ceux qui aiment se reposer dans une douce quiétude feraient assurément mieux de ne pas s'occuper du tout d'un sujet sur lequel les opinions s'entre-choquent avec tant de violence. Je ne puis cependant point passer outre dans une série de leçons qui ont pour thème l'hygiène sexuelle et ses conséquences morales. Il serait si utile de traiter une fois pour toutes cette question sans passion, avec calme et équité.

(1) *Loc. cit.*, p. 22, 26.
(2) Comparez Alf. Fournier. *Syphilis et Mariage*. Paris.

La prostitution intéresse le médecin, au premier chef, parce qu'aujourd'hui comme autrefois les maladies vénériennes en sont l'éternelle conséquence. Cela ne veut naturellement pas dire que tout rapport illégitime doive nécessairement entraîner une maladie quelconque, mais il faut savoir que la vie légère et insouciante liée aux relations illégitimes est cause que ces affections s'enracinent plus facilement et plus profondément. Si, par une parole magique, le monde tout entier pouvait se grouper en familles, il ne serait pas impossible de proscrire complètement la syphilis, au bout de quatre ou cinq générations; mais, dans les circonstances actuelles, cette maladie trouve un refuge, pour ne pas dire une serre, dans la prostitution.

On donne le nom de prostitution féminine à un état en vertu duquel une femme fait commerce de son corps, prodiguant ses caresses à tous ceux qui les lui demandent, contre de l'argent ou des objets de valeur et sans rester fidèle pendant quelque temps à un même homme. La grisette et les femmes de même genre ne sont donc pas à proprement parler des prostituées. Il n'est pas besoin de plus longues explications pour vous prouver que la prostitution a existé depuis les temps les plus reculés de l'histoire de l'humanité; mais cela ne veut pas dire qu'elle ait fait son apparition chez tous les peuples et dans toutes les tribus. Il existait au contraire jadis, et on trouve même encore aujourd'hui des contrées aux mœurs patriarcales où cette ignoble plaie est restée complètement inconnue.

Comment et comme quoi doit-on considérer la prostitution? C'est là une autre question. La prostitution est un péché, un grand péché, disent les ministres de l'Église. Elle est le cancer de la société humaine, disent les moralistes et les sociologues. Dans le fond, Wicksell est d'accord avec ces derniers, ainsi qu'un jeune auteur, A. Lundegård, qui s'exprime de la façon suivante : « On ne peut pas nier que notre société navigue avec un cadavre dans sa cale, — et ce cadavre c'est la prostitution. Dans les circonstances actuelles ce cadavre ne peut pas être jeté par-dessus bord[1]. » Cela prouve suffisamment que ces circonstances ne sont pas naturelles. Une opinion qui se rapproche beaucoup de la précédente a été émise par V. Augagneur : « Elle (c'est-à-dire la prostitution) est la preuve constante que nos lois et les exigences de la nature ne sont point adéquates[2]. »

L'ouvrage intitulé *Samhallarans grunddrag*, qui est passé au rang de document pour nos libertins ou nos réformateurs encore inexpérimentés, con-

(1) 1886, *Revy*, etc., p. 96.
(2) *Archives de l'Anthropologie criminelle*, III, nº 15.

tient le passage suivant sur la prostitution : « Elle doit être considérée provisoirement comme une heureuse compensation jusqu'à ce que l'état des choses devienne plus favorable. Elle doit être préférée à l'abstention complète des rapports sexuels, car sans elle, les hommes et les femmes devraient mener une existence des moins naturelles [1]. »

Si je voulais trouver une conception encore plus indulgente, je la trouverais dans l'historien anglais Lecky, en ces termes : « Le plus haut degré du vice, la prostitution, est en même temps le bouclier le plus positif de la vertu. Sans elle, bien des familles dont la pureté est épargnée de toute tentation seraient tarées... Cette institution avilie et dépravée satisfait les passions qui, sans elle, couvriraient la société de honte et de misère.

« Pendant que les croyances et les idées naissent, se nourrissent puis disparaissent, cette prêtresse éternelle reste debout, se chargeant du péché des peuples [2]. »

Un écrivain de notre époque, une femme, s'exprime de la façon suivante : « Ce système mixte actuel, du mariage et de la prostitution, doit être combattu à différents points de vue ; les assaillants

(1) *Loc. cit.*, p. 236.
(2) Cité par le *Sedlighetivännen*.

devraient se succéder sans relâche et frapper dur. La prostitution est aussi inséparable des formes actuelles du mariage que l'ombre est inséparable du corps. Ce sont les deux faces d'une même enseigne. Le précipice le plus profond qui ait jamais séparé deux êtres humains ne l'est pas encore assez pour empêcher les fumées brûlantes de l'enfer féminin qui gronde sous nos pieds, d'atteindre les sphères supérieures où demeure l'honnêteté et de venir empoisonner l'atmosphère tout entière. Des gens pratiques soutiennent que ce gouffre infernal est nécessaire, et disent que les unions plus pures et plus heureuses ne sont que des rêves toujours irréalisés.

« Ils croient qu'il doit subsister à tout jamais, ce système gémellaire, cette division des femmes en deux grandes classes toutes deux soi-disant indispensables à la société, bien que l'une d'elles renonce de parti pris à toute espérance et à toute aide, autant, du moins, que la société a le droit d'en décider dans cette question [1]. »

### La Fédération.

Les différentes opinions que nous venons de reproduire sont, on le voit, très divergentes; avant

______

[1] Mona Caird, *Westminster Review*. Nov. 1888.

d'en faire un examen critique, je tiens à vous rappeler que nous assistons de nos jours à une agitation particulièrement vive contre la prostitution et les insanités, les monstruosités qui s'y rattachent. Ces efforts ont trouvé leur expression dans la fondation de « la société anglaise et européenne pour la suppression de la prostitution légitime et tolérée » le 19 mars 1875 [1]. Cette société a développé, de différentes manières, une activité véritablement remarquable ; elle a publié des brochures, tenu des assemblées, etc... On rencontre au sein de cette association et collaborant à la même œuvre des hommes et des femmes aux opinions les plus divergentes ; on y voit autant de gens imprégnés des idées chrétiennes que de libres penseurs. Wicksell prétend même que c'est précisément à l'élément chrétien qu'il faut attribuer la faiblesse et les insuccès de cette société [2] et que la seule victoire réellement remportée en Angleterre est due justement à l'appui des libres penseurs [3].

A mon avis, la majorité religieuse de cette assemblée doit se trouver jusqu'à un certain point

(1) Le nom primitif de cette société indiquait qu'elle avait pour but de lutter contre la prostitution « envisagée principalement comme légitime et tolérée ». — La section suédoise a, dans la traduction de ce titre, accentué ses intentions qui étaient exprimées avec un peu trop de modération.

(2) *Loc. cit.*, p. 6.

(3) *Loc. cit.*, p. 7.

embarrassée du contact avec ces derniers ; car on a a montré assez clairement combien les idées de ce parti étaient peu naturelles et malsaines. Ce n'est pas l'appui d'hommes comme Wicksell, Lundegard, Garborg, Krohg, Hans Jäger, etc., ou d'autres personnes arrivant avec les arrière-pensées de ces messieurs, qui peut avoir quelqu'utilité.

La société a d'ailleurs commis une faute. Au lieu de lutter contre la prostitution d'une façon générale, elle a attaché trop d'importance aux mots : « légitime ou tolérée »; il en résulte qu'elle a trouvé aide et assistance dans ses efforts, de la part de personnes qui jettent les hauts cris quand on leur parle de prostitution, alors que des corruptions, des assassinats d'enfants, des concubinages, des divorces, des vices contre nature et autres choses semblables ne les émeuvent nullement.

Fixons d'abord notre attention sur les mots « légitime ou toléré », et voyons ce qu'ils peuvent signifier. Pour ne pas être trop long, je m'en tiendrai, pour les grandes lignes, à la législation suédoise.

Deux paragraphes de notre code concernent seuls le genre de mœurs dans lequel rentre la prostitution : ce sont les paragraphes 11 et 13 du chapitre xviii.

Le paragraphe 11 est rédigé en ces termes :
« Toute personne qui aura encouragé le vice en
jouant le rôle de proxénète, ou qui tiendra une
maison de mauvaise vie, sera condamnée aux travaux forcés pour un temps variant de six mois
à quatre ans. La femme qui se laisse employer dans
les maisons de ce genre subira un emprisonnement
dont la durée pourra s'élever à deux ans. »

Le paragraphe 13 dit : « Quand quelqu'un aura
répandu des écrits, peintures, dessins ou images
pouvant offenser les convenances et les mœurs,
il sera puni d'une amende ou d'un emprisonnement dont la durée ne dépassera pas six mois.
Cette même peine sera applicable à ceux qui
auront offensé les mœurs par un commerce quelconque, soit que leurs actions provoquent un scandale général, soit qu'elles soient un danger de
corruption. »

En comparant les deux paragraphes précédents
au paragraphe 9 du même chapitre, on trouve que,
d'une manière générale, tout célibataire qui a
eu des rapports illégitimes avec une femme non
mariée est puni d'une amende, mais seulement
dans le cas où « à la suite d'une plainte déposée
par la femme ou son représentant légal, l'homme
est condamné à pourvoir à l'entretien des enfants
qu'il lui a donnés ».

On voit donc clairement, d'après ce qui précède, que l'on peut commettre bien des infractions à la morale, dans le domaine des rapports sexuels, sans que l'État fasse intervenir son autorité. Cela concorde d'ailleurs parfaitement avec ce principe général de jurisprudence en vertu duquel la loi ne doit punir que des violences faites au droit, et non des péchés. Mais il faut reconnaître que dans le domaine sexuel, il est quelquefois extrêmement difficile d'établir une limite bien tranchée entre ces deux catégories de faits, et cela nous explique les divergences qui existent actuellement à ce sujet, dans les lois des différentes nations. Ainsi que nous venons de le montrer, certaines immoralités sont impunies en Suède. Quand une prostituée pratique son commerce, par exemple, dans sa maison, qu'elle se garde de provoquer tout scandale public, qu'elle est régulièrement inscrite sur le registre des impôts de sa commune; enfin si elle occupe une position reconnue, soit comme membre d'une famille, soit comme ouvrière quelconque en apparence rangée, je ne vois vraiment pas comment la loi suédoise pourrait l'atteindre.

On a dit que la loi sur les vagabonds était une arme contre la prostitution; cela n'est vrai que dans des cas exceptionnels. Une législation dont les ordonnances sont si vagues ne peut avoir que bien peu d'utilité pour le but qu'elle s'était proposé et encore bien moins pour d'autres usages.

Étant donné que les honnêtes gens, amis de la moralité, ont fait dans notre pays une pétition au roi tendant à ce que l'inconduite professionnelle fût punie comme délit, il semblerait que cette ligue s'est parfaitement rendu compte que les lois existantes ne sont pas suffisamment efficaces contre l'immoralité. Je ne sais pas ce qui est résulté de cette proposition.

D'après les lois danoise et norvégienne, une femme qui fait métier de la prostitution peut être punie d'un certain temps de prison (travaux forcés), après ou sans avoir reçu un premier avertissement. D'après la loi suédoise, une femme ne peut être punie aussi sévèrement que si elle s'est laissé employer dans une maison de joie. Les filles galantes qui opèrent pour leur compte ne sont passibles que d'une peine beaucoup plus douce, pour cause de scandale public, ou bien quand, sans moyens d'existence, elles mènent un genre de vie qui peut troubler la tranquillité, l'ordre et la moralité publics.

Les ordonnances italiennes du 22 mars 1888 sont considérées par les membres du congrès cité plus haut, comme un progrès humanitaire. Il est possible que ce soit le cas en Italie, mais elles ne sauraient assurément satisfaire un législateur ou un philanthrope suédois. Dans ces décisions on lit, par exemple, que la surveillance des maisons de prostitution est confiée aux autorités civiles ; que ces maisons ne doivent pas porter de signes indiquant leur destination ; elles ne doivent pas s'installer près d'une école, d'une caserne, etc... ; mais il n'en est pas moins vrai que l'État autorise leur existence. Les demandes d'autorisation d'ouvrir une maison de joie doivent être adressées à ces mêmes autorités de police ; le demandeur doit y joindre une description de la maison, une autorisation du propriétaire, enfin la liste des femmes qui y sont employées, etc... La police a le droit, en tout temps, d'exiger l'entrée de la maison ; elle a aussi pour mission d'ordonner des inspections médicales, et de confier ces dernières aux médecins militaires[1]. Je ne puis être de l'avis de Giersing[2] et croire que cette loi repousse catégoriquement l'inscription des filles de joie ; elle confie simplement la première inscription à la maîtresse de la maison.

Jusqu'à quel point la prostitution (c'est-à-dire l'inconduite professionnelle) peut-elle être considérée comme un délit ? C'est là une question qui a beaucoup préoccupé les autorités étrangères.

(1) *Revue de morale progressive.*
(2) *Flyveblad til Sädligheds Fremme,* n° 8, p. 18.

L'Académie de médecine de Paris s'est occupée de
cette question et a fait un rapport qu'elle a présenté
au gouvernement; elle pense que la prostitution
est un danger et que la provocation publique, qui
est la seule manière par laquelle elle se manifeste
ouvertement, peut tomber sous le coup de la loi;
elle doit, dit ce rapport, être combattue et réprimée[1].

Augagneur fait observer à ce sujet : « Pour que
la prostitution puisse être logiquement qualifiée
de délit, il faut que nos lois énoncent hautement
que tout rapport sexuel en dehors du mariage est
un délit. Eh bien! nous le répétons, en dehors
d'une législation appuyée sur des lois religieuses,
nous ne concevons pas une loi semblable. Qui donc
oserait la proposer dans notre état social[2]? »

Peut-être — je le dis ici en passant — ce sera-
t-il moins impossible à l'avenir. Il viendra peut-
être un temps où l'étude des questions sociales sera
mieux approfondie et où ses enseignements seront
mis plus à profit. On pourra alors, en s'appuyant
sur des principes de morale et d'anthropologie,
proposer des lois qui paraîtraient étranges à l'heure
actuelle; on arrivera certainement ainsi à protéger
la vie sexuelle, source de la société, par des ordon-

(1) *Prophylaxie publique de la syphilis*, par Alfred Fournier.
Rapport fait au nom de la Commission, etc. Paris 1887, p. 10 et 11.
(2) *Arch. de l'anthropologie criminelle*, III, n° 15.

nances mieux comprises et plus efficaces que les courts paragraphes que comportent nos codes actuels. Alors enfin, la législation répondra d'une manière plus complète aux exigences de la justice.

Après cette digression, je reviens maintenant à mon sujet. Nous rappelons les termes de prostitution : « légitime » et « tolérée ». S'il fallait prendre dans son sens strict la première de ces épithètes, il faudrait trouver dans le code des paragraphes qui reconnussent la prostitution comme une profession admise; or, cela n'est pas le cas en Suède. Le mot « tolérée » est assez vague, s'il signifie — ce que pensent beaucoup de gens — que la loi pourrait prohiber et punir la prostitution, mais qu'elle ferme les yeux sur elle, qu'elle la tolère. Cette expression ne nous paraît pas plus exacte que la première; en effet, la loi suédoise ne contient aucun article qui puisse punir d'une façon générale des rapports sexuels illégitimes. Il nous semble donc beaucoup plus juste de remplacer ces deux adjectifs par le mot « réglementée ». On peut ensuite rompre une lance contre l'idée qu'il exprime, on sera sûr alors de combattre quelque chose de réel et non pas de simples fantaisies de l'imagination.

Il est indéniable qu'il existe une réglementation de la prostitution. Mais je suis forcé de reconnaître que tant que la prostitution existera, une réglementation sera nécessaire. Je ne voudrais pas me charger d'en établir une qui répondît en même temps aux exigences de la morale, de l'hygiène, de l'ordre public, et de ceux qui y prennent part. Je ne me pose pas davantage en défenseur des mesures ordonnées et exécutées à cet effet à Paris, à Copenhague et à Stockholm ; je veux simplement appeler votre attention sur une certaine particularité.

Toutes les fois que des agglomérations humaines se concentrent pour fonder une ville, on a reconnu qu'il ne suffit pas d'avoir des tribunaux et de la force armée pour faire respecter l'ordre et les lois, mais qu'il est encore besoin d'une *police*. A cette dernière incombe toute une série de devoirs, et en particulier celui de faire respecter l'ordre sur les places publiques et dans les rues ; elle a donc également pour mission de veiller à ce que des courtisanes ne viennent pas troubler la tranquillité publique. Dans ce but, les chefs de la police ont certaines consignes à donner à leurs subordonnés ; ils doivent, par exemple, leur spécifier ce que l'on doit considérer comme désordres capables de provoquer des scandales ; les conséquences que ceux-ci entraînent, etc., et je ne pense pas que qui que ce soit puisse trouver à redire à un règlement de ce genre. Mais ce n'est pas tout. La majorité du monde croit que la prostitution est un danger public par les maladies qui en sont inséparables ; et, partant de cette manière de voir, la commune s'appuyant sur le paragraphe 24 du règlement concernant la santé publique, a décrété que les femmes connues pour mener ce genre de vie fussent obligées de par la police à se soumettre, à certaines époques, à l'examen d'un médecin.

C'est là qu'est précisément le point délicat du règlement, et c'est contre cette procédure que la Fédération dirige surtout ses attaques.

A ce point de vue, les amis de la Fédération ont remporté, au parlement anglais, une victoire au sujet de laquelle Wicksell a lieu de se réjouir. Par cette victoire, les malheureuses femmes et filles déchues n'ont pas le droit d'être en contact avec aucun être humain, en dehors de leurs maîtresses de maison et des individus qui viennent à y entrer par hasard ; cette victoire les séquestre dans les murs de l'établissement où elles vivent et les y attache par des chaînes toujours plus puissantes ; enfin cette victoire a pour conséquences que leurs maladies ne sont connues et soignées qu'aussi tard que possible. Ceux qui croient que la suppression de la visite en Angleterre a été une victoire humanitaire, ont besoin d'être renvoyés aux articles bien

connus de la *Pall-Mall Gazette* qui ont le mieux
commenté cette manière de voir ; à Londres, en
effet, la prostitution avait toujours été libre ; la
réglementation avait fait son apparition à un moment donné dans des villes de garnison, mais plus
tard, elle en avait été chassée.

Il me paraît clair comme le jour, que si les médecins et la police exigent au nom de la société que
tous les angles et tous les recoins d'une maison de
joie leur soient montrés et que toutes les femmes
leur soient présentées, il est bien évident aussi
que cette inspection aura au moins pour résultat
de pouvoir délivrer et sauver une femme qui serait
retenue par force ou par ruse dans un de ces établissements. Tous les médecins, ceux-là même qui
regardent la prostitution d'un tout autre œil que
moi, seraient heureux de voir les représentants
d'une société philanthropique se ranger à leurs
côtés, pour tâcher, par des conseils, des renseignements, des exhortations, de procurer aux malheureuses prostituées l'occasion de se relever et de
rentrer dans la vie honnête.

### La réglementation de la prostitution.

Des personnes tout aussi chaudes de cœur, tout
aussi philanthropes et éclairées, d'autre part plus
expérimentées que les membres de la société en

question, se sont prononcées contre toute tentative de répression et proposent d'abandonner le vice à lui-même.

Lionel Beale écrit par exemple : « La loi, en ce qui concerne les maladies contagieuses, n'a pas seulement facilité et accéléré le traitement des malades ; elle ne s'est pas contentée d'assurer aux malheureux patients des soins convenables et un traitement plein d'humanité pendant leur maladie; elle a contribué indirectement à l'amélioration des mœurs. Grâce à son intervention bienfaisante, beaucoup de gens ont échappé à la déchéance complète, à la ruine et à la mort. L'espérance et le travail ont repris rapidement les places qui avaient été momentauément abandonnées par le désespoir et la crainte de devenir toujours plus misérable [1].

On ne peut donc pas nier que le traitement obligatoire des maladies vénériennes et par conséquent des filles publiques soit pour ces dernières une mesure humanitaire. Le fait qu'elles sont trop ignorantes et trop négligentes pour se soigner elles-mêmes ne change rien à la chose. Quand on connaît les troubles que peut déterminer cette affection lorsqu'elle est négligée ; quand on considère qu'elle

_____________

(1) *Loc. cit.*, p. 79.

peut abréger la vie, entraîner des infirmités, l'impossibilité de se livrer à un travail honnête, une horrible défiguration, etc., il me paraît impossible de vouloir diminuer l'importance d'une mesure aussi salutaire.

Sur ce sujet, il semble que les membres du congrès et les médecins sont en opposition formelle. Les premiers ont pour principe : « qu'il n'est pas permis de faire quelque chose de mal pour qu'il en résulte quelque chose de bon » (c'est-à-dire de soumettre des femmes à l'inspection pour éviter les maladies); les derniers, au contraire, sont pour la plupart d'accord avec la *Lancet* (20 mars 1886) pour dire « qu'il est parfaitement légitime de faire une bonne action » (c'est-à-dire d'examiner et de prodiguer les soins médicaux à ceux qui en sont peut-être le moins dignes) même quand il doit en résulter quelque chose de mauvais (à savoir, que les libertins, sachant que les femmes malades sont soignées, se sentent plus à leur aise dans leur débauche).

A cet avis se range, entre autres, Parkes. Il prétend que la loi anglaise citée plus haut a eu une influence favorable à bien d'autres points de vue encore qu'au point de vue purement médical. Elle a permis de renvoyer dans leurs foyers des femmes qui s'en étaient échappées, de réprimer presque complètement l'abominable prostitution de l'enfance, et enfin d'inculquer assez souvent aux malades des hôpitaux un certain sentiment des convenances [1].

Cette loi anglaise (contagious diseases acts) a été plusieurs fois promulguée ; elle le fut pour la première fois en 1864, complètement ou en partie révisée en 1866, en 1869 et en 1872. Elle n'a donc certainement pas pu être le résultat d'un coup de maître ou d'une surprise quelconque. Dans les délibérations qui précédèrent sa promulgation, lord Holland évaluait le nombre annuel des syphilitiques dans le royaume de la Grande-Bretagne à 1 652 000 ! Bien que ce chiffre soit peut-être exagéré, la mesure prise par le parlement montre que ce dernier considérait cette maladie comme un péril social. Les paragraphes concluants (compulsorey clauses) de cette loi furent rayés en mai 1883 par le parlement qui les repoussa par 182 voix contre 110 ; ces chiffres montrent que la plus grande partie du gouvernement se désintéressait de la chose. En 1886, la loi tout entière fut abrogée.

On m'a reproché, dans différentes critiques, d'avoir commis de graves erreurs dans les statisti-

(1) *A Manual of pratical hygiene.* 5ᵉ édition. London, 1878, p. 506.

ques indiquant les proportions des syphilitiques
dans l'armée anglaise ; on a dit que j'avais considéré tous les soldats atteints de maladies vénériennes comme syphilitiques. Mais ce n'est pas
exact. Ce sont au contraire mes censeurs qui n'ont
pas compris les chiffres publiés en Angleterre ; et
ce malentendu est d'ailleurs bien excusable chez
des gens qui n'ont pas d'instruction médicale. Sous
le nom de « primary venereal sore » l'immense
majorité des médecins anglais entendent la même
chose que sous celui de syphilis primitive, et dans
ces derniers temps ils se sont servi aussi de ce
terme.

Dans le travail cité plus haut, Parkes accuse les
proportions de 62,8 soldats syphilitiques sur 1000
dans les localités contrôlées et de 103 p. 1000 dans
celles qui ne le sont pas. Dans les premières, la
chaudepisse atteignait la proportion de 115 p. 1000,
celle de 111 p. 1000 dans les secondes. Il faut
ajouter que les femmes atteintes de blennorrhagie
ne trouvent pas de places dans les hôpitaux.

Loin de moi l'intention d'exploiter les données
des statisticiens pour ou contre l'inspection, mais
je désire simplement vous citer les derniers résultats fournis par le département de l'armée anglaise.

D'après les données officielles que l'on ne saurait contredire on a soigné dans les hôpitaux militaires, en 1888 :

93,2 hommes sur 1 000 atteints d'accidents primitifs de la syphilis.
40,2 — — — — secondaires
91,1 — — — de blennorrhagie

224,5 hommes sur 1 000 soldats en activité de service.

Pendant l'année entière, l'armée anglaise fournit à ses hôpitaux 18 p. 1000 de ses soldats impropres au service [1]. On a prétendu contre moi que les maladies vénériennes étaient traitées en Angleterre absolument comme les autres maladies contagieuses. J'ai déjà dit plus haut combien il était difficile pour ne pas dire impossible qu'il en fût ainsi pour la syphilis. Je dois d'ailleurs ajouter que les lois concernant le traitement administratif des maladies contagieuses étaient loin d'être terminées en Angleterre. A l'heure actuelle même, le parlement est en possession de projets de lois très importants et fort discutés. On a déjà admis l'isolement de certaines maladies contagieuses fébriles (fièvre typhoïde, variole, etc.), mais, pour la syphilis, il me paraît bien difficile de faire quelque chose de semblable. J'ai vu moi-même des malades atteints des accidents les plus conta-

(1) *Lancet*, 1889. Juillet 6, p. 76.

tagieux de la syphilis, être soignés dans des poly-
cliniques, et cela sans que le médecin consultant
s'occupât le moins du monde de sa vie de famille
ou de la possibilité d'empêcher ce malade de conta-
gionnier ses semblables, sans même que le médecin
ne dît au malade un mot qui pût le renseigner sur
son genre de maladie. Enfin je dois dire que les
hôpitaux et les services de vénériens sont en
nombre beaucoup trop faible à Londres.

J'ai une très grande estime pour la nation anglaise, et ne suis nullement admirateur des mœurs
de Paris et de Bruxelles. Je ne me demande pas si
Londres est plus ou moins moral que ces villes;
je me permets simplement de rappeler que des
patriotes anglais ont hautement déclaré qu'il n'y
avait pas de villes sur le continent où les jeunes
gens fussent autant exposés à la tentation qu'à
Londres. J'en appelle à ceux qui ont visité Londres
et ont vu cette nuée de prostituées pulluler le soir
dans les rues et chercher à attirer par des moyens
grossiers les hommes qu'elles rencontrent sur leur
chemin.

La capitale anglaise regorge aussi de maisons
publiques. En 1864, les statistiques officielles en
accusaient 1332. La loi anglaise a été, dans ces
derniers temps, jusqu'à punir ceux qui tenaient ces
maisons; mais comme l'inviolabilité du « home »

joue un si grand rôle dans la législation et la vie des Anglais, il est facile de voir qu'il faut que la police ait des motifs exceptionnellement graves pour inspecter une maison.

D'ailleurs on ne prend pour ainsi dire aucune mesure contre l'abus de la prostitution à moins — et c'est le seul cas dans lequel la police intervienne — qu'une femme ayant accosté un homme dans la rue soit dénoncée par lui ; si les preuves fournies contre elles sont irréfutables, elle peut être condamnée à la prison.

Je ne voudrais cependant pas laisser ignorer à mes auditeurs les opinions contraires qui ont été émises à ce sujet : On peut lire par exemple dans le *Sedlighetsvän* (*l'Ami des mœurs*, titre d'un journal) le passage suivant : « Il est prouvé que la réglementation de la prostitution est un grand obstacle à toute tentative de salut, parce que l'inscription à la police et l'examen médical sont absolument opposés aux sentiments de pudeur de la femme ; or ces sentiments ne sont jamais complètement éteints chez elle, et ces mesures rendent plus difficile encore le relèvement que l'on peut et doit espérer chez toute femme, si déchue qu'elle soit. »

Mrs J. Butler, une des personnalités dirigeantes de la Fédération éprouve une telle répugnance pour toute espèce d'enquête sur l'état sanitaire des femmes, qu'elle accuse ce procédé d'être bestial, inacceptable et nuisible. Mrs Butler est tellement conséquente avec elle-même qu'elle ne fait sous ce rapport aucune différence entre un homme et une femme. « Toute loi, toute ordonnance, dit-elle, qui autorise la police et le médecin à porter une atteinte indécente sur une femme ou un homme qui ont offensé la pudeur, doit être rejetée pour cette raison même ; et tout homme, fût-il un puissant fonctionnaire de l'État, qui froisse et déshonore ainsi une femme quelle qu'elle soit, blesse et déshonore par là sa propre mère[1]. »

Je dois avouer que je ne comprends pas très bien ce que Mrs Butler veut dire. Si elle considère tout examen obligatoire comme une atteinte indécente portée à une femme, elle dit une absurdité qui se fait justice elle-même par son exagération. Je comprends parfaitement les idées des amis de la moralité, quand ils s'élèvent contre la visite préventive des femmes légères ; mais quand ils étendent la répulsion qu'ils éprouvent à toute enquête obligatoire sur l'état de santé des femmes soupçonnées de *maladies vénériennes*, leurs idées me paraissent aussi injustifiées qu'impraticables dans une société

<hr>

(1) *Fleyveblad til Sädligheds Fremme*, n° 6, p. 6.

bourgeoise. Quand la loi a condamné à la prison un homme ou une femme, pour offense à la moralité, il est pourtant évident que le médecin de l'établissement correspondant doit s'enquérir de l'état de santé de son prisonnier, ne fût-ce que pour décider s'il doit être interné à l'infirmerie de la prison ou s'il doit être conduit aux ateliers et aux dortoirs ordinaires.

J'ajoute d'ailleurs que j'ai assisté en Suède et à l'étranger à l'examen de beaucoup de femmes; j'en ai bien rencontré à qui cet examen était désagréable, mais je n'ai jamais entendu dire à aucune d'elles que ce fût cette mesure qui les empêchât de reprendre le chemin de la vertu.

Je vous soumets ici différentes manières de voir entre lesquelles vous pouvez choisir vous-mêmes. Je vous ai déjà exposé la mienne. Je vous ferai seulement remarquer que tout homme et toute dame du monde qui travaillent à délivrer la prostitution de l'examen obligatoire, doivent bien se dire qu'il serait injuste qu'ils exigeassent d'une nourrice entrant à leur service un certificat médical attestant qu'elle a été soumise à une visite qu'ils jugent offensante pour une fille de joie. Il est pourtant difficile de nier qu'en général une nourrice non mariée est infiniment au-dessus du niveau moral d'une fille publique.

Dans la discussion qui s'est ouverte à ce sujet, et au cours de laquelle les assistants se sont montrés aussi passionnés qu'incompétents, il est un fait que nous constatons avec une véritable joie, c'est que plusieurs auteurs philanthropes ont reconnu la nécessité de soumettre actuellement les femmes légères à un examen médical[1].

Si la loi était modifiée en Suède de façon que, chez les femmes, il fût interdit de procéder à toute inspection, nous nous trouverions alors en présence d'une étrange législation : La loi étant d'avis qu'une foule d'hommes jeunes et célibataires (dont la plus grande partie est connue pour être chaste) sont un danger public en ce qui concerne les maladies vénériennes, ordonne de les examiner régulièrement. Il faut bien dire qu'au point de vue sanitaire, le public ne voit par là que le beau côté de la chose. Ces revisions n'ont pas lieu le moins du monde pour que les jeunes et nombreuses femmes qui, dans les villes de garnison, ont leurs amants parmi les soldats, puissent avoir ces relations en courant le moins de risques possibles; on ne peut cependant pas nier que ce soit souvent le cas.

L'inspection préventive n'est pas aussi largement

_______________

(1) *Styrbjörn Starke, loc. cit.*, p. 19. — Personne, *Svar till Fédérationen.* Stockholm, 1888, p. 12 et suivantes. — H. Westergaard, *Ugeskrift for Läger*, 4e série, t. XXI, p. 454.

pratiquée aujourd'hui qu'autrefois ; néanmoins les militaires, les nourrices, les enfants qui vivent dans des asiles, les vagabonds et les courtisanes y sont soumis. Si la Fédération arrivait à ses fins, cette dernière catégorie d'individus en serait affranchie ; il ne peut cependant pas être dans l'esprit de cette assemblée que les filles de joie doivent jouir d'un privilège parmi tous les habitants d'un pays, et qu'elles puissent se soustraire en toute circonstance à la visite. Quand l'autorité compétente est prévenue qu'un individu est soupçonné, pour des raisons sérieuses, de propager des maladies vénériennes d'une façon ou d'une autre, cette personne, homme ou femme, peut être forcée par la loi de se laisser visiter et soigner ; et cette loi doit subsister tout entière.

On ne soupçonnera pas le professeur d'économie politique A. Westergaard d'être trop imbu des doctrines médicales. Dans son travail déjà cité, il a pourtant écrit quelques phrases que l'immense majorité des médecins pourraient approuver. Il fait observer que la visite des femmes est une nécessité au point de vue de l'hygiène, et qu'en principe ces visites ne sont pas plus offensantes pour ces femmes qu'elles ne le sont pour des soldats ou d'autres hommes. Cet auteur pense que la continuation ou la suppression de cette mesure n'est pas nécessairement liée à l'attitude que prennent l'Etat et le public vis-à-vis de la prostitution. On peut punir l'inconduite professionnelle et visiter les filles de joie ; on peut les laisser libres ou les privilégier, à condition qu'elles se soumettent à la visite.

L'idéal, dans un État moral, serait, d'après cet auteur, que la prostitution fût punie d'amendes, et que la police surveillât les femmes galantes absolument comme les individus suspects en général. Cette manière de voir n'est pas opposée aux conclusions de l'Académie de médecine de Paris qui tendent à ce que la provocation publique soit punie et que la délinquante soit soumise à un examen obligatoire.

A l'inspection est généralement liée la délivrance d'un certificat de visite indiquant que la personne en question était saine au moment de l'examen. Ces certificats ont été considérés par beaucoup de moralistes comme immoraux, comme une invitation ; elles assurent, disent-ils, à l'homme l'impunité de sa faute. Mais ces papiers ne contiennent rien de semblable, et d'ailleurs ne peuvent rien assurer. C'est une simple indication pour la police secrète, constatant que la femme visitée n'a momentanément pas besoin d'être conduite dans un hôpital, indication qui ne saurait être donnée d'une autre manière.

Au cours des discussions qui ont eu lieu à ce

sujet, on a entendu dire de différents côtés que le débauché pouvait hardiment courir de plus grands dangers que ceux qu'il court, et qu'après tout il a bien mérité la maladie qu'il contracte quelquefois. On oublie dans cette manière de voir les cas où la syphilis a été transmise à des personnes absolument innocentes. En réponse à leurs idées, je vais laisser la parole à la commission de l'Académie de médecine de Paris :

« Sont-elles *méritées*, par exemple, ces syphilis en si grand nombre que les femmes mariées et honnêtes reçoivent de leur mari, soit que ce mari syphilisé pendant sa vie de garçon se soit présenté prématurément au mariage, soit qu'il ait contracté la maladie après le mariage?

« Sont-elles *méritées* aussi, ces syphilis en si grand nombre que les nourrices reçoivent de leurs nourrissons, pour les transmettre ensuite soit à leurs enfants, soit à leurs maris ou à d'autres nourrissons?

« Sont-elles *méritées* encore, ces syphilis — moins nombreuses à la vérité que les précédentes — que les nourrissons reçoivent de leurs nourrices?

« Sont-elles *méritées*, ces syphilis — en nombre infini celles-ci — que les enfants apportent en naissant et qui les tuent pour la plupart?

« Sont-elles *méritées* enfin toutes ces syphilis

d'origine non vénérienne telles que par exemple celles qui résultent de l'inoculation vaccinale, celles qui frappent les médecins, les élèves en médecine, les sages-femmes, dans l'exercice de leur profession, celles qui résultent d'un simple contact accidentel, etc. [1] ? »

Ce même rapport déclare que la syphilis s'est tellement propagée des villes à la campagne, que dans bien des départements le tiers des recrues en sont atteintes.

Je sais parfaitement, et j'ai déjà attiré l'attention sur le fait que des hommes s'abstiennent de rapports illégitimes, par peur de contracter des maladies vénériennes ; mais je ne pense pas que le fait de savoir les dangers de contagion plus grands puisse arrêter beaucoup d'hommes, surtout des jeunes gens ou des individus ivres.

Il s'impose à la société un devoir de la plus haute importance : celui de supprimer les motifs de la prostitution et les causes de sa propagation. Il y aurait beaucoup à dire sur ce sujet, mais j'éviterai de m'y attarder trop longtemps. Il est indiscutable que, jusqu'à un certain point, elle est due et entretenue par notre civilisation, ses lois et ses

(1) *Prophylaxie publique de la syphilis*, p. 7 et 8 ; *Bulletin de l'Académie de médecine*, 1887, p. 598.

mœurs. Nous nous sommes beaucoup éloignés de la nature, et aujourd'hui nous n'avons pas encore trouvé un *modus vivendi* qui puisse s'adapter à notre civilisation et à ses exigences. La « lutte pour l'existence » est devenue en partie plus difficile et plus compliquée; d'autre part certaines jouissances sont devenues plus répandues et plus faciles à se procurer; la jeunesse a hâte de s'attribuer les privilèges de l'âge mûr; des séducteurs complaisants essayent de lui persuader qu'elle n'a pas besoin d'attendre et de chercher à avoir une situation dans la vie, mais qu'elle n'a qu'à poursuivre le but de ses désirs.

Un état de nervosisme se manifeste dans toutes les classes de la société. Tout cela constitue une série de causes qu'il n'est pas facile de déraciner complètement.

Je me crois autorisé à affirmer nettement que la question de la prostitution ne saurait nullement être ramenée à une question de classes, au point de vue social et politique, comme Wicksell avait voulu le faire. Il n'est pas vrai que la prostitution constitue un empiétement d'une classe sur l'autre[1]. Wicksell rapporte que la Commune de Paris avait chassé la prostitution et que celle-ci ne revint à la

_________

(1) *Loc. cit.*, p. 37.

surface qu'après la victoire de la bourgeoisie. Il ajoute que, dans les temps de troubles politiques, les passions peuvent s'épancher plus librement[1]; il persiste néanmoins à croire que la description de la débauche, sous la Commune, a été très exagérée par les écrivains des partis opposés. A la suite des accusations qu'il porte contre moi, je me vois forcé de lui dire que j'ai puisé mes renseignements à des sources de couleurs et d'origines diverses, que j'ai visité Paris peu après la chute de la Commune, et que j'ai eu là des éléments d'information tout à fait précis; j'ai pu notamment me renseigner auprès des malades et sur leur histoire; eh bien, m'appuyant sur mon expérience personnelle, je me permets encore aujourd'hui de douter des vertus sexuelles si réputées des communards.

Mais, sans parler de la Commune de Paris, j'ai été contredit encore par Wicksell, au sujet de mon opinion sur les rapports de la prostitution avec les diverses classes de la société. Il prétend que ma manière de penser prouve une ignorance singulière des statistiques ayant trait à notre sujet; cette ignorance le frappe chez un professeur de médecine qui ne connaît pas les statistiques de

(1) La prostitution et l'armée de la débauche augmentèrent également lors de la première révolution, comme lors de l'invasion de 1815 et pendant les troubles de 1830 et de 1848.

Parent-Duchâtelet, fruits de patientes recherches et qui, d'ailleurs, n'ont jamais été démenties[1].

Or, les épithètes comme celles que nous venons de mentionner ne sont pas de celles que l'on aime à laisser apposer à son nom et que l'on accepte de porter devant ses concitoyens. Je vais donc au moins essayer de me dégager de cette « ignorance singulière » dont il m'accuse.

Tout d'abord, je vous dirai que j'ai lu Parent-Duchâtelet, il y a plus de vingt ans, et que je suis en mesure de reproduire ici, pour servir à mes explications, les tables dressées par lui, sur les causes de la prostitution :

| | |
|---|---:|
| Par suite d'excès de misère, de légèreté et d'autres causes. | 1 441 |
| Maîtresses abandonnées. | 1 425 |
| Pertes de parents ; renvoyées de la maison paternelle ; complètement abandonnées. | 1 255 |
| Attirées à Paris, puis abandonnées par leurs amants | 404 |
| Serviteurs séduits par leurs maîtres, puis congédiés | 280 |
| Venues de province pour se cacher ou pour y chercher secours. | 289 |
| Pour soutenir des parents pauvres ou malades (toutes nées à Paris même). | 37 |
| Aînées de familles, pour soutenir leurs sœurs ou des parents éloignés (toutes de Paris). | 29 |
| Veuves, pour soutenir leur famille (toutes de Paris) | 23[2] |
| Total. | 5 183 |

(1) *Loc. cit.*, p. 40.

(2) Parent-Duchâtel. *La Prostitution*, etc., 3e édition, t. II, p. 107 et suivantes.

En ce qui concerne les occupations, l'état des prostituées, au moment de leur inscription, le même auteur donne les résultats suivants :

| | |
|---|---:|
| Couturières, marchandes de nouveautés et professions analogues | 1 559 |
| Marchandes de fruits ou de fleurs | 849 |
| Tisseuses | 285 |
| Modistes | 283 |
| Marchandes de bibelots | 98 |
| Artistes | 23 |
| Demoiselles de magasin | 7 |
| Sages-femmes | 3 |
| Rentières | 3 |

« Il semble résulter de ce tableau, dit Parent-Duchâtelet, que la plupart des prostituées proviennent des villes industrielles et commerciales, ces foyers de corruption dont on est obligé d'accuser l'influence néfaste, autant que l'on admire leurs autres produits. »

On a encore essayé de se rendre compte par la constatation directe, du degré d'instruction et d'éducation des prostituées ; or, on a constaté que, sur 4 470 femmes nées à Paris et adonnées à la prostitution, 2 332 ne savaient pas écrire du tout, 1 780 à peine, enfin 110 savaient assez bien ou bien écrire.

Avant de produire de nouveaux documents, permettez-moi un éclaircissement sur les chiffres que je vous ai cités. Le matériel des recherches qui a servi à Duchâtelet, date du premier tiers de ce siècle. L'instruction des femmes en France était

très précaire à cette époque, de sorte qu'on ne peut
pas juger d'après la calligraphie des prostituées, de
la situation économique des villes où elles ont été
élevées. De plus, le même auteur fait remarquer
que la peur des autorités policières les avaient tellement impressionnées, qu'elles paraissaient plus
ignorantes encore qu'elles ne l'étaient en vérité.

La liste de leurs professions ne prouve pas grand'-
chose non plus. Elle indique le genre d'occupations qu'avaient les prostituées au moment de
leur inscription, et très souvent ne coïncidait-il
certainement pas avec l'état auquel elles avaient
été destinées et qu'elles n'eussent pas abandonné
si elles n'avaient été séduites. Parent-Duchâtelet fait
observer que c'est dans les villes manufacturières
que se produit la déchéance morale, et, dans ce
cas, ce sont les camarades que l'on doit rendre res-
ponsables des écarts.

Nous pourrions relever quelques catégories dans
le tableau ci-dessus indiqué, telles, par exemple,
que celles des femmes tombées dans la misère par
suite de légèreté, celles qui ont été chassées de la
maison paternelle, celles qui ont été attirées à Paris
puis abandonnées, celles qui sont venues de province, etc.., où donc est-il dit que ces femmes appar-
tinssent aux basses classes et que leurs amants
fussent issus de familles plus élevées, ou bien

qu'elles fussent tenues par ces dernières classes à l'écart, dans cette vallée de misère de la prostitution ?

Cette statistique peut encore être mal interprétée pour une autre raison.

Voici une jeune fille de bonne famille ; elle se livre à son amant qui lui a promis le mariage. Cet amant l'abandonne plus tard ; elle cherche et, après bien des difficultés, elle trouve du travail qui lui assure les moyens d'existence dont elle a besoin ; un autre individu, qui n'a pas plus l'intention de se marier que le premier, lui fait des avances ; elle se laisse glisser, — déjà entraînée par l'habitude, — sur sa pente primitive.... et finalement, se laisse inscrire par la police. Interrogée au sujet de sa position sociale, elle indique les dernières occupations qu'elle avait essayées, et donne pour raison qui l'a engagée à solliciter son inscription, son extrême misère. Ce cas qui se présente d'ailleurs assez souvent, doit-il être rapporté à un antagonisme entre les classes supérieures et inférieures de la société ?

Un autre auteur s'exprime en ces termes à ce sujet : « Enfin, il faut mentionner, parmi les filles enregistrées, un certain nombre de malheureuses que leur éducation, leur instruction et leur situation sociale auraient dû prémunir contre une fin pareille. Ce sont d'anciennes institutrices, d'anciennes maîtresses de piano, de dessin, dont il est facile de refaire l'histoire et de comprendre la douloureuse odyssée. Ce sont d'anciennes actrices ou figurantes de théâtres de Paris ou de province, que la perte de leur voix ou la faillite du directeur, des habitudes de bien-être impossibles à satisfaire désormais, ont jetées dans la prostitution tolérée[1]. »

Nous pouvons maintenant exposer les statistiques de notre pays ; elles nous donnent les résultats suivants. Le 31 décembre 1871, le nombre de femmes soumises à la visite obligatoire à Stockholm, était de 322. Voici quels étaient la position et l'état de leurs parents :

| | |
|---|---:|
| Journaliers mariés. | 64 |
| Ouvriers mariés | 102 |
| Paysans et fermiers mariés. | 23 |
| Négociants mariés. | 22 |
| Fabricants mariés. | 11 |
| Commerçants mariés. | 15 |
| Matelots mariés | 15 |
| Domestiques mariés. | 4 |
| Fonctionnaires mariés | 5 |
| Instituteurs mariés. | 2 |
| Officiers mariés | 1 |
| Sous-officiers mariés. | 5 |
| Soldats mariés, etc. | 13 |
| Fonctionnaires de la police mariés. | 14 |
| Femmes non mariées | 4 |
| Situation des parents inconnue. | 22 |
| TOTAL | 322 |

(1) L. Reuss. *La Prostitution*. Paris, 1889, p. 22.

La statistique correspondante de Gothenbourg a
donné les résultats suivants :

Journaliers mariés. . . . . . . . .     71
Ouvriers mariés . . . . . . . . . .     38
Paysans et fermiers mariés. . . .     11
Fabricant marié. . . . . . . . .     1
Commerçant marié. . . . . . . .     1
Propriétaire marié. . . . . . . .     1
Sous-officiers mariés. . . . . . .     3
Soldats mariés, etc. . . . . . . .     18
Matelots mariés . . . . . . . . .     12
Domestique marié. . . . . . . .     1
Fonctionnaire de la police marié. .     1
Femmes non mariées. . . . . . .     13
Situation des parents inconnue . .     4
                   TOTAL . . . . . .     175

Kullberg prétend que la misère, indiquée souvent par les femmes comme cause de leur chute,
n'est que bien rarement l'unique motif. Entre
autres preuves, il rappelle qu'à Gothenbourg la
police a été souvent obligée d'arrêter des jeunes
filles de treize à dix-sept ans, qui menaient joyeuse
vie. La plupart de ces enfants avaient leur existence assurée chez leurs parents dont un grand
nombre vivaient dans de très bonnes conditions
économiques[1].

Je peux encore reproduire les opinions d'auteurs
étrangers, sur les causes de la prostitution. « La

(1) Kullberg. *Om prostitutionen*, etc., *Sv. Läk. Sällsk. Mya
Handl. ser.* II. Delen V, 1.

vanité, l'ivresse des sens, l'avidité, l'amour du
luxe, le malheur et la faim conduisent à la prostitution[1] ou bien « la misère, le manque d'éducation, l'absence de soutien peuvent être quelquefois
les causes principales de la prostitution, et le fruit
des péchés de bien des courtisanes servir au soutien de leur famille; mais les mobiles bien plus
fréquents et bien plus importants que les précédents sont les défauts et les faiblesses de caractère,
la légèreté, la sensualité, le manque de domination
sur soi-même et de force morale — non pas la pauvreté honnête, discrète, mais celle qui s'affiche, qui
est avide de plaisirs, de faste et de volupté[2].

Je puis encore citer les paroles d'un auteur qui,
pendant de longues années, a eu l'occasion d'étudier de près la prostitution. Cet auteur déclare que
la forme des relations illégitimes s'est complètement modifiée à Paris depuis quelques dizaines
d'années. Il prétend que « la grisette a disparu et
qu'elle s'est fondue avec l'insoumise[3].

« La femme entretenue, telle qu'on la compre-
nait autrefois n'existe plus. Le proxénétisme est
devenue une industrie presque avouée[4]. »

(1) Acton. *Loc. cit.*, p. 216.
(2) Oesterlen. *Hygiène*, 1876, p. 748.
(3) *Loc. cit.*, p. 23.
(4) Carlier. *Les Deux Prostitutions.* Paris, 1887, p. 21. Je ne

Le même auteur retrace de la façon suivante
l'odyssée d'une fille, depuis son entrée dans la vie
jusqu'à sa chute :

« Les bals de barrière et les bals des grands
quartiers de l'intérieur de Paris sont les uns et les
autres dangereux pour la moralité publique ; mais
leurs dangers sont différents. C'est toujours dans
les bals de barrière que débute la jeune ouvrière ;
attirée d'abord par les plaisirs de la danse, elle
fréquente ces établissements dès l'âge de quinze ans,
le plus souvent à l'insu de sa famille ou de ses
patrons. C'est là qu'elle rencontre son premier
amant.

« Lorsque, de chute en chute, elle sera arrivée à
abandonner la maison paternelle et l'atelier, lorsque
les exhortations et les exigences de son séducteur
l'auront amenée à rompre ouvertement avec les habitudes de famille et de travail, pour se livrer plus
lucrativement à l'inconduite, la danse alors ne sera
plus un plaisir mais un métier. Elle désertera les
bals de barrière pour ceux à la mode dans l'intérieur de Paris, qui ne sont plus aujourd'hui qu'une
exposition de marchandise vivante, qu'un marché
public de prostitution où les prix se débattent

saurais trop recommander à tous ceux qui s'occupent de la prostitution de lire cet ouvrage et ceux de ce genre qui reposent sur
une expérience positive.

comme dans une halle, marché d'autant mieux approvisionné qu'il a la vogue, que ces petits messieurs appartenant à la haute classe de la société l'ont adopté et y viennent plus nombreux [1]. »

« L'idée généralement répandue que les gens riches débauchent les jeunes ouvrières et celle que le proxénétisme est exclusivement pratiqué au bénéfice des classes aisées de la société sont des idées fausses.

« Maxime du Camp, dans son « Paris », raconte que sous le règne de Louis-Philippe, à une réunion de la société secrète des Saisons, un homme proposa une conscription pour la prostitution, unique moyen, disait-il, d'éviter que les seules filles pauvres servissent au plaisir des riches. Un auditeur repoussa cette motion et motiva ainsi son opposition : « Les riches n'ont que nos restes, nous le « savons tous [2].

« Quatre-vingt-dix viols sur cent déférés à la justice ont pour auteurs des artisans ou des ouvriers [3]. »

« C'est aussi au bénéfice de la classe ouvrière que se produisent le plus souvent les premières excitations à la débauche. »

(1) *Loc. cit.*, p. 23.
(2) Cette phrase est devenue un dicton dans le monde des ouvriers parisiens ; on la cite volontiers quand on voit le luxe et le faste que les coquettes à la mode déploient.
(3) *Loc. cit.*, p. 38.

« Ce sont des couturières ou des blanchisseuses qui livrent parfois même à l'aide de violences leurs jeunes apprenties aux amis de leurs amants quelquefois à leurs amants eux-mêmes [1]. »

Un autre auteur français écrit à ce sujet : « Le monsieur riche, » que la légende met à l'origine de la chute des filles du peuple, n'existe pas, ou du moins n'existe pas souvent, comme le fait observer très justement Maxime du Camp. La fille du peuple tombe par le peuple. Ce sont ses pareils, des ouvriers comme elle, qui ont l'étrenne de sa beauté et de sa virginité [2].

Je ne puis omettre de citer un auteur, bien que ses idées favorables à Wicksell, soient en partie opposées aux miennes. Augagneur prétend que quatre-vingt-quinze pour cent des prostituées sont issues des basses classes du peuple ; pourtant il ne fait pas de la prostitution exclusivement une question de classes, et il fait intervenir des causes morales. Voici ses paroles. :

« La prostitution est l'aboutissant fatal de la misère ; de la misère morale comme de la misère maternelle. La plupart des prostituées sont nées à la prostitution en même temps qu'à la puberté. Leur sens moral, si tant est qu'on ait jamais essayé de

(1) *Loc. cit.*, p. 39.
(2) Reuss., *La Prostitution. Loc. cit.*, p. 41.

14.

le réveiller, s'est fait sans secousse à leur situation. Elles se sont prostituées sans regrets et sans honte. Elles sont sorties de la société honnête et morale, sans se douter presque de son existence, sans le désir d'y entrer jamais. Il leur a manqué, pour devenir d'honnêtes femmes, les enseignements de la vertu, les exemples de leurs proches, la surveillance soupçonneuse de leurs mères et le bien-être matériel [1].

Wicksell essaye de faire une grande différence entre les femmes séduites et les prostituées ; il s'efforce de nous persuader que c'est la pauvreté qui empêche les séducteurs d'épouser celles qu'ils ont séduites [2].

Si cela est vrai dans un petit nombre de cas, ce n'est pourtant pas là le point le plus important dans ce qui nous occupe. Une femme séduite, puis abandonnée, se prostitue facilement ; trop souvent son amant n'a nullement l'intention de se marier avec elle, mais préfère la voir fille publique, pour pouvoir gruger ses revenus. Wicksell a complètement méconnu une classe d'individus que l'on appelle des « Alphonses » ou des « Louis » ; il a laissé de côté cette horde de souteneurs, dépeinte par les chroniqueurs, les écrivains voyageurs, et les moralistes, qui préfèrent la vie facile des

(1) *Loc. cit.*
(2) *Loc. cit.,* p. 41.

parasites de la prostitution à un travail honorable.

Nous croyons avoir prouvé que la classe ouvrière n'est pas innocente de la corruption des mœurs. Il me reste encore à dire que des filles appartenant à des familles cultivées et fortunées peuvent également tomber dans la prostitution. J'ai parcouru, en dehors des statistiques tirées des annales de la prostitution officielle contrôlée, les comptes rendus annuels, les congrès des maisons de secours, des sociétés philanthropiques, etc. Dans leurs rapports et leurs registres, il n'est pas rare de voir que leurs protégées étaient filles de pasteurs, d'officiers, de médecins, de négociants, etc... Ce qui précipite ces filles dans leur chute de plus en plus profonde, c'est qu'elles écoutent d'abord les protestations d'un solliciteur appartenant à l'école de Wicksell, qui ne leur parle que des douceurs de l'amour, sans parler de ses responsabilités. Quand, plus tard, il a abandonné sa maîtresse, celle-ci tombe de plus en plus bas. Wicksell a donc tort quand il prétend que ce n'est qu'exceptionnellement que les femmes des classes élevées tombent, et il n'est pas plus juste de vouloir faire provenir cette chute d'une perversion sexuelle et d'excès de misère[1]. Cela peut bien être

(1) *Loc. cit.*, p. 40.

quelquefois le chemin qui y mène, mais le plus souvent les femmes tombent parce qu'elles ont oublié les principes de légalité et de morale qui doivent diriger la vie sexuelle.

J'ajouterai d'ailleurs que si les femmes inscrites à tel ou tel endroit par la police, étaient exclusivement issues de familles pauvres, cela ne prouverait pas qu'il en fût de même de l'immense quantité de prostituées cachées, dont la destinée n'est en partie connue que par les tentatives philanthropiques de ceux qui cherchent à sauver toutes les femmes tombées.

Il ne me paraît pas invraisemblable que dans les nations germaniques, où la femme jouit, en toute occasion, d'une liberté plus grande, les filles des classes fortunées courent plus de risques qu'en France par exemple, où l'éducation claustrale, les mariages précoces d'après le choix des parents, etc., sont à la mode dans la bourgeoisie[1].

Il résulte de l'expérience que j'ai acquise depuis de longues années, que beaucoup d'opinions émises à ce sujet par Wicksell sont erronées. Les torts des classes aisées sont déjà bien assez grands vis-à-vis des classes pauvres, pour qu'on ne les grossisse

---

[1] Tous les moralistes et notamment ceux de ce pays eux-mêmes nous disent que la fidélité dans le mariage est moins grande en France que dans les peuples germaniques.

pas de considérations injustifiées. On ne se sert de tels procédés que quand on a l'idée de pouvoir provoquer une agitation quelconque [1].

Celui qui considère de plus près l'état actuel de la société, reconnaîtra facilement que la prostitution a pris une déplorable extension et qu'elle s'est solidement enracinée. Si l'on étudie en même temps l'histoire des mœurs nationales, la vie sexuelle dans ses détails ethnographiques, etc., on reconnaîtra, si l'on veut être consciencieux, que *malgré la légitimité de nos désirs*, un tel fléau social ne peut disparaître par enchantement, au moyen de la création ou de la suppression de quelques paragraphes du code. Mais, pour ma part, je ne comprends pas ce qu'il peut y avoir d'immoral à vouloir seulement amoindrir le mal, et je ne vois pas en quoi cela peut ressembler à une capitulation devant le vice.

On a reconnu à la loi le devoir de lutter contre la séduction et la corruption, et d'éviter le scandale public. L'autorité qui doit se charger de ces

(1) Il y a encore bien d'autres assertions dans l'ouvrage déjà plusieurs fois cité de Wicksell, qui demanderaient à être vérifiées de plus près. Il prétend par exemple que, parmi les femmes des classes élevées seules, on rencontre véritablement la monogamie; c'est évidemment une calomnie. Je ne pense pas que les femmes et les hommes, fort heureusement nombreux, qui appartiennent à la classe ouvrière et qui vivent honnêtement soient très reconnaissants à M. Wicksell de ses affirmations.

fonctions est la police; non pas une police arbi-
traire sans contrôle, mais une police qui soit soumise à l'autorité des tribunaux.

Il résulte de la nature même des choses que
c'est l'expérience et l'habitude qui doivent faire
discerner les actes pouvant être considérés comme
troublant l'ordre sur la voie publique. Il faut que
les autorités sachent choisir avec tact le moment
d'agir; mais toute espèce de « pouvoir discrétion-
naire », comme Bismarck le proposait au sujet de
l'application des lois de mai, doit être rejeté ici,
si l'on ne veut pas mettre en jeu le maintien de
l'ordre public.

Des hommes compétents et expérimentés ont
proposé d'établir dans les grandes villes, en dehors
de la police d'ordre, une *police des mœurs*[1] indépen-
dante de la précédente, comme de la police détec-
tive, et ayant pour fonctions d'éviter les scandales
publics, de préserver la santé du peuple, et
d'assurer la liberté et la vie de celui qu'un moment
d'oubli ou d'ivresse aurait poussé dans une maison

---

(1) « La jeunesse de notre peuple est provoquée de la façon la
plus déplorable, car la prostitution se rencontre à tous les coins
de rues. Si ennemi que l'on soit des règlements de police, on a
pourtant le droit d'exiger que le système actuel avec sa provocation et sa corruption soit changé... On a prétendu que notre organisation policière était suffisante à cet égard; elle ne l'a jamais
prouvé. Dans aucun pays d'Europe la prostitution ne se montre
avec autant d'effronterie qu'en Angleterre ». Parkes. *Loc. cit.*,
p. 502.

mal famée. Elle doit encore défendre les familles
contre l'usure de celles qui spéculent sur le vice;
préserver la jeunessse de la provocation publique,
ramener à leurs parents les enfants dont les sentiments précoces les auraient éloignés, détruire les
images obscènes, punir leur vente et leur propagation, faire disparaître la pédérastie et les vices
inavouables, etc.[1]. A tous ces devoirs, je voudrais
ajouter celui de soigner convenablement les malades incurables, les idiots et les aliénés qui, sans
cela, deviennent la proie de la prostitution.

Si quelqu'un voulant mettre nos opinions à
l'épreuve, demandait à un médecin quel système
il préférerait voir employer si une personne chère
à son cœur tombait dans la prostitution, la réponse
de ce médecin ne serait pas douteuse : il serait
fort reconnaissant envers une police de mœurs qui
l'aiderait à faire une enquête, à sauver cette personne, ou tout au moins à la préserver contre les
maladies les plus graves.

En vertu d'une mesure mise en pratique tout
récemment à Christiania, la prophylaxie de la
syphilis a été confiée à une commission sanitaire;
mais on ne peut considérer cette mesure que
comme applicable dans une ville de moyenne

(1) Carlier. *Loc. cit.*, p. 493.

importance. Il est cependant étrange que l'on veuille rejeter l'action directe de la police et du médecin de la police, quand on est finalement forcé de maintenir l'obligation de la visite pour tous les individus suspects.

Je crois que les mesures de ce genre auront l'assentiment de la plus grande partie du public; leur exécution doit être confiée, le cas échéant, à des fonctionnaires spéciaux. Si l'une ou l'autre de ces mesures doit déplaire à quelques membres de la Fédération, il n'en sera certainement pas de même pour tous.

Je ne puis admettre que l'existence d'une police des mœurs réglementée ait le sens d'une déclaration dans laquelle on reconnaîtrait la nécessité constante pour l'homme de satisfaire ses sens, par tous les moyens possibles. On est bien forcé de reconnaître que la débauche existe, et comme il est impossible de la faire disparaître d'emblée, on doit essayer de parer à ses inconvénients et de restreindre ses moyens de séduction.

Bien qu'on se soit peut-être déjà rendu compte que la police des mœurs a manqué dans bien des cas à ses devoirs, il me paraît excessif d'affirmer, avec Yves Guyot [1], qu'elle ne vaut rien et qu'elle

_____________

(1) *Ett inläg i sedlighetsfragan of svenska gvinnor.* Stockholm, 1887, p. 9.

est morte au point de vue civique. Son organisation extérieure peut être considérée comme un
détail de technique administrative. Mais le principe même de cette organisation me paraît avoir
été parfaitement compris par Carlier, quand il
dit que cette police ne peut être convenablement exercée, à tous les points de vue, par des
gardiens de la paix ordinaires, pas plus que par des
individus condamnés pour délits graves et embau-
chés dans la police secrète. A cette opinion, se
range également Westergaard [1] qui demande que
ce personnel soit choisi avec grand soin et bien
rétribué.

La Commission de l'Académie de médecine, dont
nous avons parlé, condamne [2] le système actuel de
contrôle de la prostitution. Elle fait remarquer
que le relâchement qui s'est produit dans l'exécution de ces mesures (relâchement dû aux atteintes
réitérées portées à l'autorité de la police) a été
cause que la prostitution a pris une extension
inconnue jusqu'alors. Cette même Commission,
nous le savons, propose de considérer comme délit
toute provocation publique. C'est au législateur à
fixer la peine correspondant à ce délit; mais le
médecin demande, dit le rapport, l'autorisation

(1) *Revue de morale progressive.* Déc. 1888.
(2) *Loc. cit.*, p. 23, 27.

d'examiner la délinquante et, le cas échéant, réclame le droit et même le devoir de la soigner[1].
La majorité des membres de cette Comission n'ont voulu entendre parler d'aucune sorte d'autorisation à accorder aux femmes visitées, de laisser reconnaître leur commerce et leurs intentions[2].

Chez les auteurs qui regardent la prostitution comme nécessaire et qui trouvent parfaitement justifiées les lois d'exceptions qui sont faites pour la réglementer, chez ces auteurs, dis-je, on trouve quelquefois des pensées humanitaires exprimées avec tant de force que les amis de la moralité doivent en être eux-mêmes particulièrement touchés. Ainsi Augagneur a proposé une loi défendant la prostitution aux jeunes filles mineures. Si ce cas se présentait, la délinquante devrait être internée pendant deux ans, et, s'il y avait récidive, jusqu'à sa majorité, dans une maison de correction. Puis, ces maisons pourraient se mettre en rapport avec des établissements philanthropiques se chargeant spécialement de ces malheureuses. Augagneur prétend que cette façon de procéder diminuerait considérablement le nombre des prostituées. « Quand une femme ne s'est pas prostituée avant vingt et un ans, dit-il,

(1) *Loc. cit.*, p. 19.
(2) *Loc. cit.*, p. 31.

elle ne se prostitue pas plus tard » ; et cette loi frapperait justement la forme la plus abominable, la prostitution des filles encore toutes jeunes, qui est devenue si fréquente de nos jours.

Récemment on a vu plusieurs auteurs, dont un certain nombre étaient indiscutablement poussés par des idées philanthropiques, proposer de circonscrire la prostitution dans des locaux spéciaux, dits *maisons de joie*.

Je puis, à ce sujet, communiquer un passage dont le sens est celui-ci [1] :

« Elles (les maisons de joie) ne touchent que bien peu la sécurité et la morale publiques, alors que grâce à elles la prostitution, les outrages aux convenances, la corruption d'hommes et de jeunes filles sont empêchés ou du moins bien diminués. Les femmes qui s'y trouvent terminent beaucoup moins souvent leur existence par des crimes, des concubinages, le suicide, que les prostituées qui travaillent pour leur compte, et cela parce que leur existence est assurée. L'expérience montre que ce sont précisément les filles en maisons qui reprennent quelquefois une vie morale et qui rentrent dans la société convenable.

« Les criminels qui trouvent si facilement le

(1) D'après la *Real-Encyclopædie der med. Wissensch.*, t. IX.

meilleur appui et la retraite la plus sûre dans la prostitution privée peuvent, par suite de l'existence des établissements publics, être retrouvés plus facilement. Enfin, grâce à cette organisation, on arrive à l'enrayement relativement le plus efficace de la syphilis, parce que la visite médicale des femmes est rendue plus facile, et que les filles qui y habitent étant dans de meilleures conditions matérielles et acquérant l'expérience et des connaissances spéciales, savent mieux se préserver de la contagion. Or ces précautions ne peuvent pas être prises par les filles de trottoirs qui sont dans une situation plus précaire, qui sont moins instruites et qui travaillent pour leur compte ; celles-là sont poussées par la nécessité à se donner pour de l'argent au premier venu. »

Dans le travail cité plus haut, Westergaard dit que de deux maux il préfère le moindre, les bordels publics aux filles galantes disséminées parmi les habitants des villes ; et surtout parce que, dans ce dernier cas, leur dangereuse influence se fait bien plus sentir sur les familles qui vivent dans leur voisinage. Au point de vue théorique, on ne peut pas dire que ce soit absolument faux. Mais le professeur Westergaard reconnaît parfaitement qu'à côté des maisons de joie il existe un grand nombre de prostituées particulières qui se livrent à leur commerce pour leur compte. Comme on ne peut pas arriver au but proposé par le moyen indiqué plus haut, il me paraît donc contre-indiqué de reconnaître à la prostitution une certaine légalité qui est elle-même inséparable de l'existence des maisons publiques. Cependant depuis que je pratique la médecine, j'ai toujours été, en m'appuyant sur la loi suédoise, l'adversaire de ces établissements, même à l'époque où la plupart des médecins les défendaient bien plus sérieusement qu'aujourd'hui.

Une opinion émise par la société des médecins finlandais mérite à notre avis d'être mieux connue : « On ne peut cependant pas nier que des mesures administratives directes peuvent contribuer à améliorer l'état de choses actuel, de même que, mal comprises, elles peuvent faciliter les rapports sexuels illégitimes, ou même les provoquer et les rendre plus fréquents encore. Dans la façon d'établir et de juger les mesures tendant à empêcher la propagation de la syphilis, il ne faut jamais perdre ces considérations de vue, et on doit leur accorder toute l'importance qu'elles méritent. Pour la même raison, l'installation de maisons de prostitution étroitement surveillées, que l'on considère généralement comme le moyen le plus efficace et le plus pratique pour enrayer les inconvénients de la prostitution, ne saurait être approuvée, même quand on se place à un point de vue purement hygiénique, sans compter les autres considérations qui peuvent faire réfléchir à leur égard. On peut être certain en effet que ces établissements, par leur accès facile, les attraits qu'ils présentent, contribueront à augmenter les rapports illégitimes, à rendre la débauche plus générale; et ces résultats défavorables l'emporteront de beaucoup sur l'avantage qui consisterait à pouvoir exercer une surveillance plus active sur une partie des prostituées [1].

Il me paraît, à moi aussi, plus recommandable de parfaire la loi suédoise en la basant sur les considérations précédentes, que de rayer les paragraphes qui interdisent l'installation des maisons publiques.

A ceux qui ne voient dans la prostitution qu'un instinct naturel contenu, modéré par certains artifices de la société, je rappellerai que cette prostitution prépare les vices contre nature, qu'elle les provoque et les entretient [2], enfin qu'elle compte pour alliés les criminels et les autres ennemis de la société.

(1) « Betänkande afgifvet till finska läkaresallskapet » et p. 30.
(2) « La pédérastie et la prostitution féminine sont au fond un seul tout. » (Carlier. Loc. cit., p. 467.)

### Réformes sociales nécessaires.

Voici donc où nous sommes arrivés. Faut-il maintenant souscrire aux idées de Leckys, de Mona Cairds et d'autres auteurs, touchant la prostitution? Faut-il considérer cette dernière comme une soupape de sûreté de la société? Non, cela n'est pas possible. Si parfois des courtisanes ont pu servir de dérivatifs aux passions d'un homme et l'empêcher de porter atteinte à des femmes honnêtes, il n'en est pas moins vrai que la prostitution développe le vice et l'entretient, qu'elle empoisonne et corrompt des milliers d'individus, qu'elle détourne et déshonore des femmes, séduit des enfants, qu'elle menace et tache le mariage, constitue un danger social par excellence, danger beaucoup plus grand que la démocratie sociale, que le communisme.

Il est devenu à la mode, chez une partie des réformateurs sociaux, de représenter la prostitution comme un complément indispensable au mariage (voyez par exemple notre citation de Mona Caird, p. 207 et 208). Cette manière de voir ne peut être exprimée que par des gens n'ayant étudié la question qu'incomplètement, ou par ceux qui veulent attaquer l'institution du mariage par des moyens plus ou moins honorables. Que l'on étudie la question au point de vue historique, ou seulement dans son état actuel, les opinions de ce genre n'ont pas de sens commun. Quand on rencontre des pays où la prostitution a été complètement inconnue et où le mariage a toujours été en honneur, comment peut-il être question d'associer ces deux institutions? Or, pour prendre un exemple dans la vie des grandes villes, comment peut-on considérer la prostitution comme un bouclier pour l'institution sacrée du mariage, quand on sait que la fornication arrive par tous les moyens imaginables à provoquer et à séduire les membres de la famille, et principalement les hommes?

Sous ce rapport, la femme d'intelligence moyenne a un jugement beaucoup plus sain que la femme lettrée de notre époque. La première se rend parfaitement compte que, par la prostitution, elle court le danger d'épouser un homme dont les sentiments soient impurs, la santé altérée, les mœurs gâtées, la fidélité douteuse, les sentiments esthétiques anéantis, dont le feu de l'amour, le cœur aient perdu toute jeunesse et toute fraîcheur; elle sait enfin qu'elle risque d'avoir des enfants affligés dès leur naissance de maladies et en proie déjà à des instincts pervers dont ils auront pu hériter de leur père. Elle craint pour ses fils des dangers et des tentations presque inévitables pendant leur crois-

sance, et pour ses filles les désillusions et les maux
les plus durs. Je ne vois réellement pas en quoi elle
pourrait être reconnaissante envers la prostitution.
Ce ne peut être qu'un sophisme prétentieux que
de soutenir que la prostitution soit une garantie
contre les attentats sur les honnêtes femmes. Quand
les jouissances de l'amour n'ont d'autre but
qu'elles-mêmes, qu'elles ne sont liées à aucun
penchant personnel, ni à la vie de famille ni aux
responsabilités naturelles, les moyens naturels ne
suffisent plus à satisfaire les exigences des appétits
génitaux ; des excitations artificielles deviennent
nécessaires ; les individus usés, blasés, demandent
du changement, et trouvent leur plaisir à détourner des vierges, etc...

Sur ce point, j'approuve complètement la manière
de voir de Parkes et ses paroles : « Je n'admets
pas un seul instant l'opinion de ceux qui voient
dans la prostitution non seulement une nécessité,
mais quelque chose de bien, c'est-à-dire un bouclier contre des vices plus grands, la sécurité vis-
à-vis les attentats contre les vertus matrimoniales.
Plus la prostitution se développe, plus elle nuit au
mariage, le rempart de l'humanité. »

Il est donc parfaitement louable que la société
actuelle, représentée par des associations, cherche
à la combattre. Pourtant, je ne puis m'empêcher

de faire une observation à certaines de ces associations : *Caveant consules ne quid detrimenti respu-
blica capiat* — Que les conducteurs du peuple se
gardent de l'induire en erreur. — J'ai déjà parlé
des injustes attaques dirigées contre l'intervention
des médecins. Puissent-ils voir que le niveau moral
du peuple ne peut être amélioré que par de longs et
patients efforts, jamais par de simples discours, et
bien rarement par de l'agitation. Puissent les chefs
et les membres de ces associations se convaincre
que ce n'est point par des discussions risquées et des
congrès, ni par des visites particulières faites par
quelques membres à des filles publiques, ni par des
enquêtes faites sur leur situation et leurs occupations, pas plus enfin que par des raisonnements et
des principes physiologiques que l'on arrivera à
relever la société. Enfin, que ces personnes sachent
bien reconnaître leurs véritables ennemis et amis.
Si ces hommes consentaient à vouloir profiter
sérieusement de notre expérience médicale, ils
trouveraient en nous des amis bien plus sincères
que dans leurs nouveaux adeptes — les viveurs.
Personne n'est devenu ami des mœurs pour s'être
écrié : « Arrière, la police des mœurs. » Je sais
que, dans ce dernier camp, on trouve, aussi bien
parmi les saducéens de la Révolution que parmi
les pharisiens de la réaction, des hommes pour qui

la femme est libre comme l'oiseau, et qui n'hésite-
raient pas à accabler de leurs outrages toute femme
mariée ou non, tant qu'ils n'auraient pas à craindre
un châtiment de la part d'un protecteur de cette
femme. Ce n'est point par la présence, dans leurs
rangs, d'individus aussi suspects, que ces associations croîtront en force et en considération.

Un critique éminent a soulevé plusieurs objections aux idées que j'émets ici ; je me crois obligé
d'y répondre. Je n'ai absolument rien à dire contre
l'existence de cette assemblée, ni contre le but
qu'elle se propose, mais je prétends que par son
opposition systématique aux visites qui sont pra-
tiquées actuellement sur les femmes galantes, elle
a perdu mal à propos beaucoup de temps qui eût été
beaucoup mieux employé à un travail positif d'amélioration. Je crois qu'en Suède, tout au moins, les
emportements du vice ont été considérés trop
spécialement comme une offense faite par l'homme
à la femme, et je pense qu'une étude et une critique
plus minutieuses des circonstances actuelles, faites
par des collaborateurs de bonne volonté, eussent
été d'une grande utilité dans cette question.

Puisque l'honorable critique prétend que mon
livre ne devrait pas être lu par des jeunes femmes
âgées de moins de vingt-cinq ans, on ne trouvera
pas absurde que je prie ces dernières, alors même

qu'elles auraient atteint un âge beaucoup plus avancé, de ne pas se considérer comme chargées, sous prétexte d'accomplir un sauvetage d'ailleurs douteux, de descendre dans l'enfer du vice. Je n'ai nulle envie d'énumérer les dégoûts et les dangers d'une telle mission, mais je me contenterai de faire observer que bien peu de personnes, hommes ou femmes, ont reçu les dons nécessaires pour mener à bien une telle entreprise. Toute tentative dans ce sens, dont les plans ou l'exécution auraient été mal faits, serait aussi désastreuse pour la cause elle-même que pour les personnes directement intéressées.

J'ai dit, en m'appuyant sur le témoignage de l'histoire, que je ne pouvais pas croire que le monde se détourne rapidement et définitivement du péché; il me semble que cette déclaration est plus honorable et plus vraisemblable que d'espérer sauver l'humanité en inscrivant quelques réformes sur le papier. Il ne s'ensuit pas que je tienne à conserver la prostitution; je ne défends nullement cette institution et ne veux entendre parler d'aucune justification; j'ai simplement affirmé que la société avait le droit de se préserver contre certaines maladies.

Il est très difficile à la grande majorité du public

(1) Esselde. *On sedlighetens standpunkt*, etc. Norrköping, 1889.

de comprendre le devoir du médecin dans cette question. Nous avons pour devoir de soigner des hommes, de guérir des maladies, sans demander dans nos fonctions si ces dernières sont nées du vice ou du crime[1]. Nous contribuons volontiers au relèvement moral du genre humain, mais pas en laissant les maladies suivre leur cours, sans intervenir. Certes, si nous pouvions donner au monde un remède qui lui permît sans danger d'avoir tous les rapports sexuels imaginables, légitimes ou non, nous n'hésiterions pas un seul instant. Malheureusement nous n'en connaissons pas. Quand, par exemple, un médecin a, pour le bien de la patrie, la garde de la santé et de la force de son armée, il a beau essayer d'arriver à un résultat en luttant par la propreté la plus rigoureuse du corps, là où les mœurs sont impures il n'arrivera pas à grand résultat.

## Conclusions.

Il me reste encore à déduire quelques conclusions. Quel est en réalité mon but? Ai-je travaillé à l'avènement d'une morale sexuelle supérieure? La réponse à cette question variera selon l'opinion de mes critiques. D'un tribunal moral qui aurait

(1) Comparez *Évangile selon saint Jean*, v, 14.

pour juges, par exemple, Strindberg, Geijerstam, Lundegard, Levertin, Ola Hansson, Garborg, Krogh, Hans Jæger, Georg Brandes, Amalia Skram, Stella Kleve, Erna Juel Hansen et leurs amis, d'un tel tribunal, dis-je, je ne pourrais m'attendre qu'à une réponse négative.

Par contre, je ne serais peut-être pas contredit par d'autres, si je leur disais que mon but a été d'esquisser quelques traits tirés de l'étude expérimentale de la monogamie, et de montrer la force vivifiante, pour l'âme et pour le corps, qui réside dans la véritable monogamie, dans le mariage, et cela aussi bien pour chaque individu en particulier que pour la masse du peuple.

Eh quoi! Rien de plus! s'écriera-t-on peut-être; nous n'avions pas besoin que l'on nous rappelât ces choses; il est facile de conseiller aux hommes de se contenter de l'état actuel de la société; *ce dont nous avons besoin, ce sont des réformes!* Je ne le discute pas, seulement ce ne sont pas des réformes réactionnaires, de l'atavisme qu'il nous faut, mais de véritables progrès. Notre éducation doit tendre à améliorer la santé du corps; nous devons réduire nos études à de justes proportions. Nous devons nous efforcer d'avoir plus de *nerf* et moins de *nerfs*, enfin d'élever la génération qui vient dans une atmosphère intellectuelle plus pure.

Je ne puis indiquer que quelques-uns des moyens qui nous conduiront à ce résultat. Nous devons chercher à inspirer l'horreur de l'*alcoolisme*. Il est vrai que je ne puis exiger que tout le monde fasse partie d'une société de tempérance, mais je puis demander que tout homme demeure sobre ; je veux dire par là qu'il ne boive jamais assez d'alcool pour que son corps et son esprit en subissent quelque atteinte. Il nous faut éviter toutes les excitations psychiques, la littérature, les images, les spectacles, etc., qui puissent énerver nos sens. Notre manière de vivre doit devenir plus naturelle ; il faut que les hommes et les femmes se fréquentent davantage, et que l'on fasse en sorte qu'ils puissent se rencontrer dans les occupations ordinaires de la vie, au lieu de ne mettre les jeunes gens des deux sexes en rapport que dans des parties de plaisir et des bals où les convenances exigent beaucoup trop de restrictions de leur part[1].

Pour ma part j'espère que les mœurs s'amélio-

(1) Mais quelle que soit mon antipathie pour les bals de nos jours, je m'étonne cependant qu'un homme comme Léo Tolstoï ose soutenir que les femmes de son entourage qui mènent leurs filles au bal, pour leur chercher des maris, ne valent pas mieux, sous aucun rapport qu'une vieille entremetteuse spéculant sur le corps de sa fille de treize ans. Il s'ensuit que des enfants ne devraient jamais être éloignées de leur mère pour être confiées à de telles femmes. (Hvad vi behöva, g. 58.)

Ce n'est cependant pas la même chose d'encourager un homme à épouser une fille en âge d'être mariée, ou de vendre une enfant aux instincts sauvages de libertins sans nombre. Celui qui ne sait pas se contenter d'améliorations relatives ne devrait jamais s'occuper de réformes sociales.

reront par l'éducation en commun, si celle-ci est bien comprise par les éducateurs des deux sexes. Dans l'enseignement, on devrait faire une place à la vie sexuelle ; cette initiation devrait être proportionnée au degré de développement de l'individu. Tout ce que l'on sait sur ce chapitre profite bien plus quand on l'a appris par une instruction régulière que par des moyens détournés. On devrait joindre à cet enseignement un cours d'anatomie démontrée sur le cadavre ; à mon avis ce procédé ferait cesser chez beaucoup de jeunes gens cette curiosité qui exerce une si fâcheuse influence.

Il faut, de plus, que dans notre vie de tous les jours, nous soyons plus économes ; et sous ce rapport je ne connais pas de classe qui soit plus fautive que celle des jeunes gens cultivés de Suède. « Je ne me laisse naturellement manquer de rien », me disait récemment un étudiant qui vivait du travail de son père et croyait être pleinement dans son bon droit. Les dettes universitaires, parfois très importantes, sont en quelque sorte, en Suède, une calamité sociale spécifique dont les effets se répercutent de génération en génération. Sur ce sujet il y aurait beaucoup de choses à dire sous bien des rapports ; je rappelle seulement que les dettes peuvent retarder un mariage, faire durer les fiançailles plus longtemps qu'il ne faut, em-

pêcher le rapprochement de deux partis qui se con-
venaient, enfin troubler la paix et la prospérité
de bien des maisons [1].

Pour que la femme des classes aisées soit mieux
préparée à ses devoirs d'épouse et de mère, elle a
besoin avant tout d'une meilleure santé, de plus
de force, de plus grands moyens de travail, et
qu'on lui apprenne à être moins exigeante pour
son bien-être dans la vie [2].

Je ne sais si je m'abuse, mais, pour moi, la question sexuelle est à la fois la racine et la fleur, le
commencement et la fin de toute morale. On aurait
beau travailler jour et nuit au bonheur de l'humanité, y sacrifier sa vie et sa fortune, il me semble
que tous ces efforts seraient vains, si l'on oubliait
ou diminuait l'importance de la vie sexuelle, de
cette école toujours rajeunie où les hommes vont
puiser les éléments du véritable altruisme [3].

Vous connaissez tous cette antique parole :
« Garde ton cœur avant toutes choses, car c'est
lui qui est la source de la vie ». Je voudrais faire
une application de cette parole. Puisque toute vie

(1) Dans les ouvrages anglais, on lit des exhortations tendant à
empêcher le mariage dans ces conditions, parce que la lutte pour
la vie devient toujours plus difficile pour l'homme et que sa
marche est somme toute, mal assurée. (Comparez Acton, Beal, etc.)
Dans certains cas, ce conseil serait fort bien placé chez nous.

(2) Comparez *Le Travail*, déjà cité de Styrbjorn Starke.

(3) Comparez Häffding. *Loc. cit.*, p. 108 et suivantes.

et tout être humain prennent leur source dans un rapport sexuel, ce dernier peut être considéré comme le cœur même de l'humanité. Quand son action est entravée ou annihilée, tous les membres de l'humanité s'en ressentent.

Il y a en France une idée fondamentale qui a été traduite par le dicton « cherchez la femme »!... Où est-elle cette créature souvent néfaste, damnée, cette sirène à qui aucune force humaine, aucune volonté ne peut résister ; quel est-il cet élément obscur, mystérieux, dont l'impétuosité ne laisse aucun répit à l'homme, vient troubler ses sens, l'entraîner, l'avilir, en attendant le moment d'achever sa ruine? Ce dicton a été complété par ces deux mots : « Tue-la. » Il n'y a pas d'autre argument dans l'âme et dans le cœur humains ; tue-la ou tu prépares ta propre ruine[1].

Eh bien! non, à chaque pas que nous ferons dans la vie, après chaque difficulté que nous aurons surmontée, chaque fois enfin qu'une marque d'honneur nous aura été témoignée, que notre devise soit autre, qu'elle soit plus vraie et mieux confirmée par la réalité, disons-nous :

L'idéal féminin éternel nous a conduits ici (au ciel).

(1) Comparez Alex. Dumas fils, Jean Richepin, et différents auteurs modernes.

# TABLE DES MATIÈRES



## PREMIÈRE LEÇON

**Organes génitaux. — Anatomie et physiologie des fonctions génitales.**



## DEUXIÈME LEÇON

**Le mariage.**

## TROISIÈME LEÇON

### Maladies des organes génitaux.

usités contre les maladies nerveuses (hydrothérapie, électrothérapie, traitement psychique, hypnotisme et suggestion, médicaments).

En somme, le livre de M. Levillain est une œuvre intéressante de vulgarisation où l'on trouve exposées les causes des maladies du système nerveux si communes à notre époque et les meilleurs procédés d'hygiène et de traitement à leur opposer ; l'auteur, élève du professeur Charcot, était des mieux placés pour faire cette étude qui est, en outre, d'une lecture agréable et comporte de nombreuses applications pratiques encore trop peu connues.

# PHYSIOLOGIE

DES

# EXERCICES DU CORPS

### Par le D<sup>r</sup> FERNAND LAGRANGE

1 vol. in-8, de la *Bibliothèque scientifique internationale,* 6° édition, cartonné à l'anglaise...................................... 6 fr.

Ouvrage couronné par l'Académie des sciences et par l'Académie de médecine.

M. Lagrange a écrit sous ce titre un livre tout à fait original dont on ne saurait trop recommander la lecture. Il examine avec de très grands détails le *travail musculaire, la fatigue, les causes de l'essoufflement et de la courbature, le surmenage, l'accoutumance au travail, l'entraînement, les différents exercices et leurs influences, les exercices qui déforment et ne déforment pas, le rôle du cerveau dans l'exercice, l'automatisme.* Certains chapitres sur les dépôts uratiques, sur le rôle du travail musculaire dans la production des sédiments, sont très fouillés. M. Lagrange a observé par lui-même, et l'on voit qu'il s'est rendu maître d'un sujet peu exploré et difficile. Tous les faibles, *les débilités par l'air et la vie des grandes villes* ont intérêt à méditer cet excellent traité de physiologie spéciale.                    *(Les Débats.)*

# DE L'EXERCICE

# Chez les Adultes

### Par le D<sup>r</sup> FERNAND LAGRANGE

1 vol. in-18, broché, 3 fr. 50 ; en un élégant cartonnage anglais........ 4 fr.

### EXTRAIT DE LA TABLE DES MATIÈRES

PREMIÈRE PARTIE. *Les indications de l'âge.* — L'enfant et l'homme. — L'exercice et la nutrition. — De l'obésité. — Le défaut d'assimilation. — Comment on devient goutteux. — La diathèse arthritique. — Le fonctionnement de la peau. — De l'immobilité. — L'exercice dans l'âge mûr. — De l'exercice dans la vieillesse.

**Envoi franco contre mandat ou timbres français.**

DEUXIÈME PARTIE. *Tempéraments et diathèses.* — Les diathésiques et les valétudinaires. — De l'exercice chez les obèses. — De l'exercice chez les goutteux. — Les dyspepsiques. — Les diabétiques. — Les essoufflés. — De l'exercice chez les cardiaques. — Les neurasthéniques.
TROISIÈME PARTIE. *Le choix d'un exercice.* — L'instinct et la méthode. — Les jeux. — De l'escrime. — Les exercices de locomotion. — La gymnastique. — La gymnastique médicale suédoise. — La gymnastique de chambre.

Les livres de M. Lagrange ont toujours beaucoup de succès auprès du grand public, à qui nous n'avons pas craint de recommander le présent volume d'une façon spéciale. Comme il n'est personne qui ne soit sinon arthritique, ou goutteux, ou obèse, ou dyspepsique, ou diabétique, ou essoufflé, ou quelque peu névrosé, du moins candidat à quelqu'une de ces petites infirmités avec lesquelles il faut passer une partie de l'existence, chacun voudra savoir comment il devra se comporter pour rendre cette partie la plus supportable et la plus longue possible.

(Revue Scientifique.)

# Hygiène de l'Exercice

## CHEZ LES ENFANTS ET LES JEUNES GENS

### Par le Dʳ FERNAND LAGRANGE

1 vol. in-18, 5ᵉ éd., broché, 3 fr. 50 ; en un élégant cartonnage anglais... **4 fr.**

Les jeunes gens doivent pratiquer des exercices physiques destinés à fortifier leur santé, des exercices hygiéniques et non pas athlétiques. M. le docteur Lagrange développe cette saine doctrine en un charmant petit volume que je viens de lire avec le plus grand plaisir ; et je le recommande aux méditations de toutes les mères de famille et même des pères qui ont le temps de s'occuper de leurs enfants.

Avec quel bonheur j'ai vu M. Lagrange proscrire aux écoliers la gymnastique de chambre et de gymnase, et l'escrime dans une salle d'armes, où l'on respire la sueur et l'haleine empoisonnante de ses voisins ou de ceux qui vous ont précédé. M. Lagrange veut que les exercices physiques des enfants soient effectués en plein air, que leurs poumons se dilatent pour appel du bon air.... Ce sont les jeux qui sont les plus favorables au développement des enfants et des jeunes gens des deux sexes.

Dʳ G. DAREMBERG. (Les Débats.)

# Les Eaux Minérales

## ET LES MALADIES CHRONIQUES

### Par le Dʳ MAX DURAND-FARDEL
#### Membre de l'Académie de médecine.

1 volume in-18, en un élégant cartonnage anglais, **4 fr.**

---

**Envoi franco contre mandat ou timbres français.**

**D<sup>r</sup> GROSS**, Professeur à la Faculté de médecine de Nancy.

# MANUEL DU BRANCARDIER

1 volume in-18, avec 92 gravures dans le texte, **3 fr. 50**

Publié sous les auspices du Comité nancéen de la Société de secours aux blessés

**JAMAIN et TERRIER**, chirurgiens des hôpitaux de Paris

# Manuel
### DE
# PETITE CHIRURGIE

### SIXIÈME ÉDITION CONTENANT

*Les pansements (instruments, linges, médicaments topiques,
bandages, appareils de fractures, appareils pour les affections articulaires,
bandages herniaires, ceintures, pessaires, etc.)*

ET LES OPÉRATIONS (SUTURES, HÉMOSTASIE, RUBÉFACTION,
CAUTÉRISATION, GALVANO-CAUSTIQUE,
CAUTÈRE, INCISIONS, PONCTIONS, SAIGNÉES, CATHÉTÉRISME,
RÉDUCTION DES HERNIES,
VACCINATION, OPÉRATIONS DENTAIRES, ETC.)

1 fort vol. in-18, avec 450 gravures dans le texte, 7<sup>e</sup> édition............ **8 fr.**

## DICTIONNAIRE
# DE MÉDECINE
### ET
## De Thérapeutique Médicale et Chirurgicale

### Sixième édition comprenant

LE RÉSUMÉ DE TOUTE LA MÉDECINE ET DE TOUTE LA CHIRURGIE
LES INDICATIONS THÉRAPEUTIQUES DE CHAQUE MALADIE
LA MÉDECINE OPÉRATOIRE, LES ACCOUCHEMENTS, L'OCULISTIQUE, L'ODONTOTECHNIE
L'ÉLECTRISATION, LA MATIÈRE MÉDICALE, LES EAUX MINÉRALES
UN FORMULAIRE SPÉCIAL POUR CHAQUE MALADIE

Et 950 gravures d'anatomie, de médecine opératoire, d'obstétrique, d'appareils chirurgicaux, etc

### PAR

**E. BOUCHUT**
Professeur agrégé
à la Faculté de médecine de Paris
Médecin de l'hôpital des Enfants assistés

**ARMAND DESPRÉS**
Professeur agrégé
à la Faculté de médecine de Paris
Chirurgien de l'hôpital de la Charité

1 fort vol. in-8 colombier de 1032 pages imprimées sur 2 colonnes
avec 950 gravures dans le texte

Broché, **25 fr.**; en demi-reliure, **30 fr.**

Cet ouvrage renferme le résumé de toutes les connaissances nécessaires pour l'exercice de la médecine, les soins à donner aux malades,

---

**Envoi franco contre mandat ou timbres français.**

les précautions dont il faut les entourer. Essentiellement pratique, il est non seulement indispensable aux médecins et aux chirurgiens, mais aussi à *toutes les personnes qui peuvent avoir à s'occuper des malades*: aux pharmaciens, aux sages-femmes, aux chefs d'institutions, aux mères, aux chefs de famille et à tous ceux qui, vivant éloignés des villes, n'ont pas immédiatement, en cas d'indisposition ou d'accident, le médecin à leur portée.

*De la maladie à ses remèdes et des remèdes à la maladie*, tel est le but de cet immense travail, dans lequel on trouve le résumé de toute la médecine et de toute la chirurgie, l'hygiène, les indications thérapeutiques et un formulaire spécial pour chaque maladie, la médecine opératoire, les accouchements, l'oculistique, l'odontotechnie, l'électrisation, les eaux minérales.

Cinq éditions, épuisées en peu d'années, prouvent le succès considérable obtenu par ce *Dictionnaire* et les services qu'il peut rendre à tous ceux qui le consultent.

---

TROUESSART. — **Les Microbes, les Ferments et les Moisissures.** 1 vol. in-8, avec 107 figures dans le texte.......... 6 fr.

BINET et FÉRÉ — **Le Magnétisme animal.** 1 vol. in-8, avec figures. 3e édit........................................... 6 fr.

---

# BIBLIOTHÈQUE UTILE

*112 volumes publiés*

Chaque volume in-32 de 192 pages :

broché, 0 fr. 60; en un élégant cartonnage anglais, 1 franc.

---

## EXTRAIT DU CATALOGUE

Dr R. BROQUÈRE. — **La médecine des accidents,** *premiers secours à donner,* suivis des instructions du Préfet de police et du Conseil de salubrité de la Seine sur les soins à donner aux asphyxiés, aux blessés, etc. 1 volume.

Dr E. MONIN. — **Les maladies épidémiques,** hygiène et prévention. 1 vol. avec gravures.

Dr L. TURK. — **Médecine populaire** ou premiers soins à donner aux malades et aux blessés en l'absence du médecin. 1 vol., 5e édition.

Dr L. CRUVEILHIER. — **Éléments d'hygiène générale.** 1 volume, 7e édition.

L. DUFOUR. — **Petit Dictionnaire des falsifications,** avec indication des moyens faciles pour les reconnaître. 2e édition, suivie d'une notice sur le laboratoire municipal de Paris.

---

Envoi franco contre mandat ou timbres français.

# COLLECTION MÉDICALE

Volumes in-12 en reliure anglaise, à 4 et à 3 francs.

**Éléments d'anatomie et de physiologie génitale et obstétricale,** précédés de la *Description du corps humain*, à l'usage des sages-femmes, par le D' A. Pozzi, professeur à l'école de médecine de Reims, ancien interne des hôpitaux de Paris, lauréat du Congrès français de chirurgie; 1 vol. in-12, avec gravures. . . . . **4 fr.**

**Hygiène de l'alimentation** *dans l'état de santé et de maladie*, par le D' J. Laumonier, 1 vol. in-12, avec gravures. . . . . **4 fr.**

**L'alimentation chez les nouveau-nés,** *Hygiène de l'allaitement artificiel*, par le D' S. Icard, 1 vol. in-12, avec gravures. . . . **4 fr.**

**Hygiène de l'exercice chez les enfants et les jeunes gens,** par le D' F. Lagrange. 5e édition. 1 vol. in-12. . . . . . . . . **4 fr.**

**De l'exercice chez les adultes,** par le D' F. Lagrange. 2e édition, 1 vol. in-12. . . . . . . . . . . . . . . . . **4 fr.**

**Hygiène des gens nerveux,** par le D' Lévillain. 2e édition, 1 vol. in-12, avec gravures. . . . . . . . . . . . . . . **4 fr.**

**L'hygiène sexuelle et ses conséquences morales,** par le D' S. Ribbing. 1 vol. in-12. . . . . . . . . . . . . . . . . **4 fr.**

**L'idiotie.** Psychologie et éducation de l'idiot, par le D' J. Voisin, 1 vol. in-12, avec gravures. . . . . . . . . . . . . . . **4 fr.**

**La famille névropathique.** Hérédité, prédisposition morbide, dégénérescence, par le D' Ch. Féré, 1 vol. in-12, avec gravures. **4 fr.**

**L'éducation physique de la jeunesse,** par le D' A. Mosso, précédé d'une préface du Commandant Legros. 1 vol. in-12. . . . . **4 fr.**

**Manuel de percussion, et d'auscultation** par le D' P. Simon. 1 vol. in-12, avec gravures. . . . . . . . . . . . . . . **4 fr.**

**Petit manuel d'antisepsie et d'asepsie chirurgicale,** par les D's Félix Terrier et Péraire. 1 vol. in-12, avec gravures. . . . . **3 fr.**

**Petit manuel d'anesthésie chirurgicales,** par les D's Félix Terrier et Péraire, 1 vol. in-12, avec gravures. . . . . . . . . **3 fr.**

**Manuel d'hydrothérapie,** suivi d'une instruction sur les Bains de mer (*Guide pratique des Baigneurs*) par le D' Macario. 1 vol. in-12. 4e édition . . . . . . . . . . . . . . . . . **3 fr.**

**Le traitement des aliénés dans la famille,** par le D' Ch. Féré. 1 vol. in-12. 2e édition. . . . . . . . . . . . . . . **3 fr.**

---

*Sous presse, pour paraître prochainement :*

**Le trépan et la trépanation,** par les D's Félix Terrier et Péraire. 1 vol. in-12, avec gravures dans le texte, cartonné à l'anglaise. **4 fr.**

**Les mouvements des yeux et leurs anomalies,** par le D' Péraire. 1 vol. in-12, avec gravures, dans le texte cartonné à l'anglaise. **4 fr.**

---

**Envoi franco contre mandat ou timbres français.**

# RÉCENTES PUBLICATIONS MÉDICALES

BOSSU. **Petit compendium médical**, quintessence de médecine pratique. Dic-
tionnaire-bijou de pathologie. 1 vol. in-32. cart. . . . . . . . . . 1 25
BOUCHARDAT. **De la glycosurie ou diabète sucré**, son traitement hygiénique.
2º édition. 1 vol. grand in-8º, suivi de Notes et documents sur la nature et le
traitement de la goutte, la gravelle urique, sur l'oligurie, le diabète insipide avec
excès-durée, l'hippurie, la pimélorrée, etc. . . . . . . . . . 15 fr. »
BOUCHARDAT. **Traité d'hygiène publique et privée** basée sur l'étiologie.
1 fort vol. gr. in-8º, 3º édition, . . . . . . . . . . . 18 fr. »
CORNIL et BABES. **Les bactéries**, et leur rôle dans l'histologie pathologique des
maladies infectueuses. 2 vol. gr. in-8º, avec 385 gravures en noir et en couleurs
et 12 pl, hors texte. . . . . . . . . . . . . . 40 fr. »
DALLEMAGNE (J.). **Dégénérés et déséquilibrés.** 1 vol. gr. in-8º. . 10 fr. »
DAVID. **Les microbes de la bouche,** 1 vol. in-8º avec 113 gravures en noir et
en couleurs, 1890. . . . . . . . . . . . . . . 10 fr. »
DESPRÈS. **Traité théorique et pratique de la syphilis,** ou infection puru-
lente syphilitique. 1 vol. in-8. . . . . . . . . . . . 7 fr. »
DUCWORTH (Sir Dyce). **La goutte,** hygiène et traitement, traduit de l'anglais par
M. le Dr Roper, et précédé d'une préface de M. le Dr Lecóncué, 1 vol. gr. in-8, avec
grav. dans le texte, 1892 . . . . . . . . . . . . 10 fr. »
FINGER. **La Syphilis et les maladies vénériennes,** traduit et annoté par
les Drs Doyon et Spillmann, 1 vol. in-8, avec 5 planches hors texte, 1895. 12 fr. »
FINGER. **La Blennorrhagie et ses complications,** traduit d'après la 3º édition
allemande par le Dr A. Hogge, 1 vol. in-8, avec 36 gravures dans le texte, et
7 planches hors-texte. . . . . . . . . . . . . 12 fr. »
FÉRÉ (Ch.). **Les épilepsies et les épileptiques.** 1 vol. gr. in-8, avec 12 planches
hors texte et 67 fig. dans le texte, 1890 . . . . . . . . . 20 fr. »
HÉRARD, CORNIL et HANOT. **De la phtisie pulmonaire,** étude anatomo-patho-
logique et clinique; 1 vol. in-8, avec 65 figures en noir et en couleurs dans le
texte et 2 planches coloriées, 2ᵉ édit, entièrement remaniée. . . . 20 fr. »
ICARD. **La femme pendant la période menstruelle,** étude de psychologie
morbide et de médecine légale, 1 vol. in-8, 1890. . . . . . . 6 fr. »
LABORDE. **Le traitement physiologique de la mort. Tractions rythmées**
de la langue. 1 vol. in-12. avec fig. dans le texte, 1894 . . . . 3 fr. 50
LAGRANGE (F.). **La médication par l'exercice.** 1894. 1 vol. in-8, avec grav. et
carte coloriée hors texte . . . . . . . . . . . . 12 fr. »
LANCEREAUX. **Traité historique et pratique de la syphilis.** 2º édition,
1 vol. gr. in-8, avec fig. et planches coloriées . . . . . . . 17 fr. »
MARVAUD. **Les maladies du soldat,** étude étiologique, épidémiologique, clinique
et prophylactique, 1893. 1 fort vol. in-8, . . . . . . . . 20 fr. »
MOSSO (A.). **La fatigue intellectuelle et physique,** 1 vol. in-12 . 2 fr. 50
NIMIER et DESPAGNET. **Traité élémentaire d'ophtalmologie,** 1 fort vol. grand
in-8, avec 432 fig. dans le texte. 1894 . . . . . . . . . 20 fr. »
RILLIET et BARTHEZ. **Traité clinique et pratique des maladies des en-**
fants, 3º édition refondue et augmentée par BARTHEZ et SANNÉ. — TOME Iᵉʳ. *Ma-*
*ladies du système nerveux, maladies de l'appareil respiratoire.* 1 fort vol. gr.
in-8º . . . . . . . . . . . . . . . . . 16 fr. »
TOME II. *Maladies de l'appareil circulatoire, de l'appareil digestif et de ses annexes,*
*de l'appareil génito-urinaire, de l'appareil de l'ouïe, maladies de la peau,* 1 fort
vol. gr. in-8. . . . . . . . . . . . . . . . 14 fr. »
TOME III. terminant l'ouvrage. *Maladies spécifiques, maladies générales constitu-*
*tionnelles.* 1 fort vol. gr. in-8. . . . . . . . . . . 25 fr. »

Envoi franco contre mandat ou timbres français.